普通高等教育土建学科专业"十二五"规划教材
全国高职高专教育土建类专业教学指导委员会规划推荐教材

楼宇智能化技术
（第二版）

沈瑞珠　主编

中国建筑工业出版社

图书在版编目（CIP）数据

楼宇智能化技术/沈瑞珠主编. —2 版. —北京：中国建筑
工业出版社，2012.11
普通高等教育土建学科专业"十二五"规划教材. 全国高
职高专教育土建类专业教学指导委员会规划推荐教材
ISBN 978-7-112-14911-7

Ⅰ.①楼…　Ⅱ.①沈…　Ⅲ.①智能化建筑-自动化技术
Ⅳ.①TU855

中国版本图书馆 CIP 数据核字（2012）第 276831 号

责任编辑：齐庆梅　田启铭
责任设计：叶延春
责任校对：张　颖　赵　颖

普通高等教育土建学科专业"十二五"规划教材
全国高职高专教育土建类专业教学指导委员会规划推荐教材
楼宇智能化技术
（第二版）
沈瑞珠　主编
*
中国建筑工业出版社出版、发行（北京西郊百万庄）
各地新华书店、建筑书店经销
北京千辰公司制版
北京建筑工业印刷厂印刷
*
开本：787×1092 毫米　1/16　印张：13½　字数：335 千字
2013 年 5 月第二版　2020 年 1 月第二十次印刷
定价：**30.00** 元（附网络下载）
ISBN 978-7-112-14911-7
（22971）

第 二 版 前 言

本书的第一版自2004年2月出版以来，深受相关专业院校师生的欢迎和厚爱。随着高等院校教学改革的不断深入，尤其是2007年国家发布并实施了新的设计规范《智能建筑设计标准》GB/T 50314—2006，读者对该教材提出了更高的要求。本书在第一版的基础上，参照新的国家规范，充分考虑读者意见，广泛征求相关专家建议，按照最新的教育教学改革要求进行了修订。

本书新版修订主要内容如下：

1. 按照《智能建筑设计标准》GB/T 50314—2006，将原有名词概念、系统单元分类等重新加以修改，使教材理论内容符合国家规范。

2. 以工作过程为主线，在使学生掌握必要知识的基础上，以大量实例形式，强化工程图纸识读、设备安装等操作技能，使学生掌握能力更加贴近工程实际。

3. 每个学习单元配有教学导航、知识梳理与总结、技能训练项目、习题及思考题等，使本书使用者达到充分完善知识与掌握技能的目的。

4. 本书配有电子版教学课件，充分利用图片、动画、视频等多媒体素材，形象化展示教学内容，使教学者更便于达到教和学的目的。

全书共分6个单元两个附录，其中单元1是本书内容基础知识介绍，单元2～单元5分别论述智能建筑的各个智能化系统，以"任务"项目形式对每个系统从工作原理、设备组成等知识讲解，到系统的施工图识读设计、设备安装等技能操作，力求同实际工程相结合，突出职业技能的培养。单元6介绍智能化工程施工管理及建成后的运行管理，最后列举若干工程实例。

在这几年时间里，和本书有关的知识和技术有了很大程度上的发展与更新，同时本人在教学过程中也积累了一定的经验和成果。所以在这次修订编写过程中，力求做到思路清晰、重点突出、叙述清楚、语言流畅，更加贴近实际应用和便于教学，并尽可能多地融进自己的经验和成果。

本书第一版分别由沈瑞珠、杨连武及张铁东三位老师编写，其任务分工可参见第一版前言。在此基础上，第二版修订由沈瑞珠统一负责，孙景芝教授再次对修订版进行了审阅。

本书在文字编写及电子素材收集过程中，编者参阅了大量的文献资料，其中大部分作为参考资料目录已列于本书书后，以便读者查阅。在此对文献作者表示衷心的感谢。也对为本书付出辛勤劳动的编辑人员表示衷心的感谢。

由于作者水平有限，书中难免有不妥和错误之处，希望同行及读者指正，我们及时做出修改。

与本书配套的电子课件、技能训练、工程实例、习题参考答案等电子素材，请到 www. cabp. com. cn/td/cabp22971. rar 下载，有问题请与中国建筑工业出版社联系（E-mail：jiangongshe@163. com），或与作者本人联系（E-mail：srz@ szpt. edu. cn）。

第 一 版 前 言

20世纪80年代以后，一种融现代建筑技术与通信网络技术等高科技于一体的新型建筑——智能建筑悄然兴起。时至今日，其发展势头十分迅猛，智能大厦和智能小区遍布世界各地，智能建筑适应信息时代产业结构变化的需要，必将成为21世纪的主流建筑。进入90年代，我国的建筑智能化迅速发展，大量高智能、综合功能的大厦比比皆是，智能化的住宅小区也如雨后春笋，蓬勃发展。

我国是发展中的大国，面对智能建筑的迅速崛起和它所包含的多种学科、多种技术的交叉综合、日新月异，处于工程建设第一线的设计、施工、管理、运行维修人员迫切需要熟悉和掌握相应的高新技术知识，本书为适应这一需求而编写。因此，《楼宇智能化技术》这本教材不仅可用于高职高专类学校培养技术应用型人才，同时也可为从事智能建筑施工、管理、运行维修等行业的人员提供继续教育的参考书，具有很大的社会效益和经济效益。

本书编写的指导原则是：

1. 紧紧围绕高等职业教育的培养目标，以其所要求的专业能力并结合建筑电气专业岗位的基本要求为主线，安排本书的内容。

2. 注意与本系列其他教材之间的关系，原则上不重复其他教材的内容。

3. 编写的内容突出针对性与实用性，并考虑有通用性和先进性，既可以作为教科书使用，也可以对实际工作者有重要参考价值。

全书共九章。第一章为概述。第二章介绍楼宇智能化的关键技术和理论基础。第三至六章分别阐述了楼宇智能化的三大要素，即楼宇设备自动化系统、通信网络系统和办公自动化系统。第七章论述住宅小区的智能化系统。第八章和第九章分别就智能化系统建设与管理方面做简要阐述。

本书第一、七、八、九章由沈瑞珠编写；第四、五章由杨连武编写；第二章由张铁东编写；第三章由张铁东、沈瑞珠编写。全书由沈瑞珠负责统一定稿并完成文前、文后的内容，孙景芝教授审阅了书稿。

本书参考了有关楼宇智能化技术方面大量书刊资料，并引用了部分资料，除在参考文献中列出外，在此仅向这些书刊资料的作者表示衷心谢意！

由于楼宇智能化的技术还在不断发展，而我们的认识和专业水平还很有限，书中必定存在不少的缺点和错误，敬请广大读者给予批评与指正。

编者

2004年2月

目　　录

单元 0　智 能 建 筑 概 述

20世纪80年代以后，一种融现代建筑技术、信息技术、计算机技术和自动控制技术于一体的现代化建筑悄然兴起，我们又将其称为智能建筑。时至今日，配有智能化设备设施的智能大厦和智能住宅区遍布世界各地。

教学导航

教	推荐教学方式	1. 通过参观，让学生认识什么是智能建筑。 2. 重点讲解智能建筑各系统组成。 3. 为使学生概念明确，完整的智能建筑概念可查阅现行规范《智能建筑设计标准》GB/T 50314。 4. 参观过程中，为便于今后教学要求学生记录看到的内容，可参照本书技能训练1
	建议学时 （4学时）	理论2学时：参照本书电子版课件（下载地址见前言）
		实践2学时：参观某智能建筑，参照本书技能训练1
学	推荐学习方法	1. 通过参观，对智能建筑有一定的感性认识。 2. 结合参观内容，从概念上明确智能建筑的组成系统。 3. 本书相关内容及涉及产品，在网上有大量题材，建议学生对所学相关知识不断收集资料，自主学习。 4. 学习过程中，根据教师的讲解，纲要、系统地记笔记。 5. 巩固知识概念，完成本单元课后练习，并做自主评价，参考答案参照本书电子版习题答案

1. 智能建筑定义

智能建筑（Intelligent Building，IB）是当代高新科技和建筑技术结合的产物。1984年，在美国哈特福德市建成了世界上第一幢智能建筑，从此智能建筑在美、日、欧及世界各地蓬勃发展。我国智能建筑于20世纪90年代才起步，但发展速度之快令世人瞩目。

【第一幢智能建筑的资料】[3]　　1984年，在美国康涅狄格州（Connecticut）的哈特福德市，当时一座旧金融大厦出租率很低。于是，美国联合科技集团UTBS公司着手对大楼进行改造，采用综合布线技术和计算机网络技术对大楼的空调、电梯、照明设备进行监控，建立了防灾和防盗系统、通信及办公自动化系统等，首次实现了大厦内的自动化综合管理，不仅为大厦内的用户提供语言、文字、数据、电子邮件和资料检索等信息服务，而且使用户感到舒适、方便和安全。该大厦改造后定名为"都市办公大楼"（City Place Building）。这些改造大受办公用户欢迎，租金虽提高20%，大楼的出租率反而大为提高。由此世界上第一座智能建筑诞生，并显示了极强的生命力。

我国国家标准《智能建筑设计标准》GB/T 50314—2006对于智能建筑的定义是：以建筑物为平台，兼备信息设施系统、信息化应用系统、建筑设备管理系统、公共安全系统等，集结构、系统、服务、管理及其优化组合为一体，向人们提供安全、高效、便捷、节能、环保、健康的建筑环境。

通俗地解释上述定义，可认为具有如下功能的建筑物称其为智能建筑：

（1）智能建筑应具有信息处理功能，而且信息通信的范围不只局限于建筑物内部，应能在城市、地区或国家间进行。

（2）能对建筑物内照明、电力、暖通、空调、给水排水、防灾、防盗、运输设备等进行综合自动控制。

（3）能实现各种设备运行状态监视和统计记录的设备管理自动化，并实现以安全状态监视为中心的防灾自动化。

（4）建筑物应具有充分的适应性和可扩展性，它的所有功能应能随技术进步和社会需要而发展。

智能建筑在世界各地不断崛起，已成为现代化城市的重要标志。然而，对于这个专有名词，国际上却还没有统一的定义，其原因是因为智能建筑本身是一个动态的概念，它是为适应现代社会信息化与经济国际化的需要而兴起的，是随计算机技术、通信技术和现代控制技术的发展和相互渗透、而发展起来的，并将继续发展下去。本书给出国外有关智能建筑的其他几种定义，相信读者通过对比分析，可以比较清晰地了解智能建筑定义的内涵。

【关于智能建筑定义的几种典型提法】[3]

（1）美国智能建筑学会定义为：智能建筑是对建筑结构、建筑设备系统、服务和管理这四个基本要素进行最优化组合，为用户提供一个高效率并具有经济效益的环境。

（2）日本智能建筑研究会认为，智能建筑应提供包括商业支持功能、通信支持功能等在内的高度通信服务，并能通过高度自动化的大楼管理体系保证舒适的环境和安全，以提高工作效率。

（3）欧洲智能建筑集团认为，智能建筑是使其用户发挥最高效率，同时又以最低的保养成本、最有效地管理本身资源的建筑，能够提供一个反应快、效率高和有支持力的环境以使用户达到其业务目标。

（4）国际智能工程学会认为，在一座建筑物中设计了可提供相应的功能以及适合用户对建筑物用途、信息技术要求变动时的灵活性。换句话说，智能建筑应该安全、舒适、系统、综合、有效利用投资、节能并具备很强的使用功能，以满足用户实现高效率的需要。

2. 智能建筑组成

按照我国《智能建筑设计标准》GB/T 50314—2006[2]定义的智能建筑，图0-1以图示的方式通俗地描述了智能建筑系统的组成。

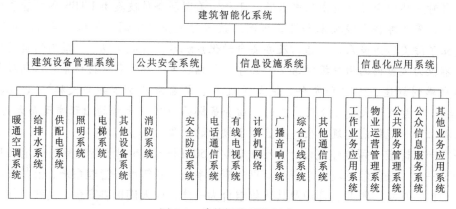

图0-1　建筑智能系统组成

（1）建筑设备管理系统（BMS）building management system

对建筑设备监控系统和公共安全系统等实施综合管理的系统。建筑设备监控系统用于对建筑内的各种机电设施进行自动控制，包括给排水、暖通空调、供配电、照明、电梯等设备系统。通过信息通信网络组成分散控制、集中监视与管理的管控一体化系统，随时监测、显示其运行参数；监视、控制其运行状态；根据外界条件、环境因素、负载变化情况自动调节各种设备，使其始终运行于最佳状态；自动实现对电力、供热、供水等能源的调节与管理；提供一个安全、舒适、高效而且节能的工作环境。

（2）公共安全系统（PSS）public security system

为维护公共安全，综合运用现代科学技术，以应对危害社会安全的各类突发事件而构建的技术防范系统或保障体系。公共安全系统主要包括一是防止和扑灭火灾的消防系统，如火灾自动报警系统、自动喷水系统、气体灭火系统等；二是人身财产安全防范系统，如入侵报警系统、视频监控系统、门禁系统等。

（3）信息设施系统（ITSI）information technology system infrastructure

为确保建筑物与外部信息通信网的互联及信息畅通，对语音、数据、图像和多媒体等各类信息予以接收、交换、传输、存储、检索和显示等进行综合处理的多种类信息设备系统加以组合，提供实现建筑物业务及管理等应用功能的信息通信基础设施。简而言之信息设施系统是为人们提供各种所需通信手段，主要包括电话、电视、广播、计算机网络等，还包括实现这些通信的建筑物内的综合布线系统。

（4）信息化应用系统（ITAS）information technology application system

以建筑物信息设施系统和建筑设备管理系统等为基础，为满足建筑物各类业务和管理功能的多种类信息设备与应用软件而组合的系统。综合型智能建筑的信息化应用系统，一般包括两大部分：一是服务于建筑物本身的办公自动化系统，如物业管理、运营服务等公共管理服务部分；二是用户业务领域的办公自动化系统，如金融、外贸、政府部门等专用办公系统。

将上述不同功能的建筑智能化系统，通过统一的信息平台实现集成，以形成具有信息汇集、资源共享及优化管理等综合功能的系统，即所谓智能化集成系统（IIS）intelligented integration system。另外，机房工程（EEEP）engineering of electronic equipment plant 是为提供智能化系统的设备和装置等安装条件，以确保各系统安全、稳定和可靠地运行与维护的建筑环境而实施的综合工程。

智能化系统工程建设具体项目要视建筑物的性质和使用功能。现行国家标准《智能建筑设计标准》GB/T 50314—2006 针对一般办公建筑、文化建筑、学校建筑、医院建筑、体育场馆等不同性质的建筑物应设置哪些智能化系统一一作了列写，参见附录1摘列部分建筑物应设智能化系统列表。有关详细规定，读者可自行查阅该标准。

【3A、5A 等关于智能建筑的多种提法】[3]

在《智能建筑设计标准》GB/T 50314—2006 出台前，对智能建筑的提法一直是沿用 2000 年标准使用的 3A 称法，即建筑设备自动化系统（BAS）Building Automation System、通信网络系统（CNS）Communication Network System、办公自动化系统（OAS）Office Automation System。

有的书将 BAS 中的火灾自动报警与消防联动控制系统（FAS）Fire Alarm System、安全防范系统（SAS）Security Automation System 又划分出来，构成5A智能建筑。另外，依据《智能建筑设计标准》GB/T 50314—2000，按智能化配置档次，将智能建筑中的智能化配置分为甲、乙、丙三个级别，参见附表2。虽然2006年推出的现行标准不再将监控功能分级，但该功能表仍具有参考价值。有关其详细规定，读者可自行查阅。

3. 智能建筑支持技术

智能建筑是计算机技术、自动控制技术、信息技术与建筑技术相结合的产物，即所谓3C + A 技术（Computer、Control、Communication、Architecture）。其中，建筑技术提供建筑物环境，是支持平台。

（1）计算机技术

现代最先进的计算机技术是并行的分布式计算机网络技术。该技术是计算机多机联网的一种形式，其主要特点是采用统一的分布式操作系统，把多个数据处理系统的通用部件有机地组成一个具有整体功能的系统，各软、硬件资源管理没有明显的主从关系。分布式计算机系统强调的是分布式计算机和并行处理，不但要求整个网络系统硬件和软件资源共享，而且要求任务和负载共享。系统具有更快的响应速度，更大的输入、输出能力和更高的可靠性，极大地提高了建筑物的集中管理能力和系统的扩展能力。

（2）自动控制技术

目前较先进也采用较多的自动控制系统是集散式监控系统（Distributed Control System，DCS）。该系统采用具有实时多任务、多用户、分布式操作系统。组成集散型监控系统的硬件和软件均采用标准化、模块化和系列化设计。系统的配置具有通用性强、系统组合灵活、控制功能完善、数据处理方便、显示操作简单、人机界面友好，以及系统安装、调试、维修简单等特点。

（3）通信技术

现代通信技术建立在通信技术和计算机网络技术相结合的基础上，通过综合布线系统，在一个通信网上同时实现语音、数据、图像以及文本的通信。

4. 智能建筑的功能、特点

与普通建筑相比，智能建筑的优越性主要体现在以下几个方面；

（1）创造了安全、健康、舒适宜人的办公、生活环境

智能建筑首先确保安全和健康，其防火与保安系统要求智能化。智能大厦对建筑环境的温度、湿度、照度均加以自动调节，甚至控制色彩、背景噪声与味道，使人们像在家里一样心情舒畅，从而能大大提高工作效率。

（2）节能

以现代化的商厦为例，其空调与照明系统的能耗很大，约占大厦总能耗的70%。在满足使用者对环境要求的前提下，智能大厦应通过其"智慧"，尽可能利用自然光和大气冷量（或热量）来调节室内环境，以最大限度减少能源消耗。按事先在日历上确定的程序，区分"工作"与"非工作"时间，对室内环境实施不同标准的自动控制，下班后自动降低室内照度与温湿度控制标准，已成为智能大厦的基本功能。利用空调与控制等行业的最新技术，最大限度地节省能源是智能建筑的主要特点之一，其经济性也是该类建筑得以迅速推广的重要原因。

（3）能满足多种用户对不同环境功能的要求

智能建筑采用开放式、大跨度框架结构，允许用户迅速而方便地改变建筑物的使用功能或重新规划建筑平面，室内办公所必需的通信与电力供应也具有极大的灵活性，通过结构化综合布线系统，在室内分布着多种标准化的弱电与强电插座，只要改变跳接线，就可快速改变插座功能，如变程控电话为计算机通信接口等。

（4）现代化的通信手段与办公条件大大提高工作效率

在智能建筑中，用户通过国际直拨电话、可视电话、电子邮件、声音邮件、电视会议、信息检索与统计分析等多种手段，可及时获得全球性金融商业情报、科技情报及各种数据库系统中的最新信息；通过国际计算机通信网络，可以随时与世界各地的企业或机构进行商贸等各种业务工作。

技能训练 1　某智能大厦设备设施信息调研

一、实训目的

1. 通过参观对建筑设备具备感性认识，包括空调、供配电、给水排水、电梯、消防、安防、通信等设备；

2. 了解设备及设备房在建筑内布置；

3. 能填写设备信息统计表。

二、实训所需场地、内容

1. 参观大厦水泵房、配电室、暖通空调机房、电梯房，填写设备信息表；

2. 参观大厦设备监控中心，填写设备监控功能；

3. 参观大厦消防、安防控制中心，填写设备信息表及监控功能；

4. 参观总结。

三、实训报告

某智能大厦设备设施调研表

设备房	设备名称	设备数量	备注
水泵房			
暖通空调机房			
配电房电梯房			
消防、安防控制中心			

单元1 建筑设备监控管理系统基础知识

【本单元要点】建筑智能化是在现代建筑技术的基础上，融合计算机控制技术、计算机网络技术和通信技术。学习本单元要求掌握建筑设备自动化监控系统基本组成、工作原理等基础知识，了解系统中各种检测控制装置的作用、性能及主要技术参数。

教学导航

教	重点知识	1. 建筑设备监控系统功能。 2. 建筑设备监控系统结构。 3. 建筑设备监控系统常用传感器、执行器。 4. DDC控制器的输入输出
	难点知识	1. 传感器工作机理。 2. 执行调节器工作机理。 3. DDC控制器调节方式与算法。 4. DDC组态软件
	推荐 教学方式	对重点知识处理： 1. 通过参观监控中心设备智能化监控演示，掌握设备监控系统功能。 2. 设备监控系统结构与单元2具体系统反复结合讲解。 3. 应用多媒体素材，重点讲解传感器、执行器的作用及应用。 对难点知识处理： 1. 选作一个典型传感器实验，用以举一反三其他工作机理的传感器。 2. DDC控制器的控制算法原理不必深入讲解。 3. DDC组态根据具体使用的软件介绍即可，具体操作放在第2单元
	建议学时 （8学时）	理论6学时：参照本书电子版单元1课件
		实践2学时：参照本书技能训练2，并认识典型DDC控制器、传感器、执行器等
学	推荐 学习方法	1. 重点知识概念标注在教材上，并做笔记。 2. 控制器、传感器、执行器可在相关网址搜索大量产品资料，围绕建筑设备监控做一定的资料搜索工作。 3. 巩固知识概念，完成本单元课后练习，并做自主评价，参考答案参照本书电子版单元1习题答案
	必须掌握的 理论知识	1. 控制器、传感器、执行器在建筑设备监控系统的作用及其应用。 2. DDC控制器输入输出四类接线点。 3. 建筑设备分散控制系统概念、结构组成
	必须掌握的技能	1. 认识并了解监控中心建筑设备监控系统界面及其操作。 2. 在教师指导下，做出某典型传感器工作实验，并按要求做出实验报告

基础知识 *1* 建筑设备监控管理系统概述

一、什么是建筑设备监控管理系统

1. 什么是建筑设备监控管理系统

建筑设备监控管理系统（或又称建筑设备自动化系统）是将建筑物或建筑群内的给

排水、空调、电力、照明、防灾、保安、车库管理等设备或系统，以集中监视、控制和管理为目的的构成的综合系统。"监控"即表示监视与控制，根据我国的行业标准，建筑设备监控管理系统又可分为设备运行管理与监控子系统和公共安全防范子系统，如图 1-1 所示。

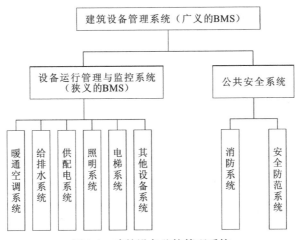

图 1-1　建筑设备监控管理系统

在我国，建筑设备监控管理系统通常有广义和狭义之分。狭义的建筑设备自动化系统的监控范围主要包括给排水、空调、电力、照明、电梯等设备。在实际工程中，狭义的建筑设备自动化系统也常常称为建筑设备监控系统、楼宇自动化系统、楼宇自控系统等。广义的建筑设备自动化系统的监控范围在狭义的建筑设备自动化系统的基础上，还增加了公共安全系统，包括火灾自动报警与消防联动控制系统、出入口控制系统、入侵报警系统、视频监控系统等安全防范系统，即为建筑设备管理系统。

根据我国行业政策现状，通常将狭义的建筑设备监控管理系统、火灾自动报警与消防联动控制系统、安全防范系统分别作为一个独立的系统进行设计和施工。本书单元 2 讲述狭义的建筑设备监控管理系统，单元 3 讲述公共安全系统。

2. 为什么要进行建筑设备监控管理

为了能满足各种使用功能和众多的服务要求，必须在建筑物中设置给水排水设备、通风空调设备、变配电设备、照明设备、电梯设备、消防及安防等建筑设备。这些建筑设备数量庞大（一幢楼中可有数千台甚至数万台各类设备），分布区域广，需要实时监测与控制的参数也有成千上万个，这就造成了运行操作与管理的困难。而且，各类设备运行工艺复杂程度不一，当多台设备构成一个系统时，运行状态往往产生互相影响与关联，如空调送风系统、电梯要和消防系统进行联动等。另外，为了保证建筑物中一些特殊区域（如医院、厂房、机房等）对环境的要求，空气中的温度、湿度、洁净度必须严格控制，要达到规定的技术指标已不是人力所能办到的。综上所述可见，对大型建筑物的设备使用人工方式进行操纵、控制与管理是非常困难的，因而采用建筑设备自动化监控管理是必然趋势。

二、建筑设备监控管理技术手段

自动测量、监视与控制是建筑设备监控管理系统的三大技术环节和手段，通过它们可以正确掌握建筑设备的运转状态、事故状态、能耗与负荷的变动等情况，从而适时采取相应处理措施，以达到智能建筑正常运作和节能的目的。

1. 建筑设备监控管理系统的自动测量

在智能建筑中，由于建筑设备的各系统分散在各处，为了加强对设备的管理，测量是非常重要且不可缺少的。建筑设备监控系统常采用的检测装置有温度、湿度、液位、流量、压力传感器等，进行在线连续测量。

2. 建筑设备监控管理系统的自动监视

对建筑物中的给水排水、空调、电力、照明、电梯等设备进行监视，一般可分为状态监视和故障、异常监视两种。

（1）状态监视

状态监视主要是监视设备的运行状态、开关状态及切换状态。具体的状态监视有：运行状态（风机、冷冻机、水泵等设备是处在运行状态还是停止状态）、故障状态（风机、冷冻机、水泵等设备是否处于过载等故障状态）、手动/自动状态（设备是处于手动运行状态下，还是处于自动运行状态下）、开关状态（配电、控制设备的开关状态）。

（2）故障、异常监视

机电设备发生故障、异常时，应分别采取必要的紧急措施及紧急报警。一旦发生故障、异常报警，应能立即自动投入联动系统，并进行人工干预，采取必要的措施处理。

3. 建筑设备监控管理系统的自动控制

建筑物中的给水排水、空调、供配电、照明、电梯等设备分散在现场各处，通常都设有手动/自动两种控制方式。手动控制就是人工在现场控制，自动控制对设备的操作主要有启停控制和调节控制两种。

（1）启停控制

通过机电设备的配电控制箱对风机、冷冻机、水泵、电磁阀等设备的启动、停止进行控制。

（2）调节控制

在设备监控系统中，通常对被控过程实施控制，如空调系统的温、湿度自动调节等。控制用计算机要根据被控过程的状态决定控制的内容和实施控制的时机，需要不断检测被控过程的实时状态（参数），并根据这些状态及控制算法得出控制调节输出。建筑设备监控系统常采用的调节控制装置有电动水阀、电动风门等，进行在线连续控制。

三、建筑设备监控管理系统功能

1. 实现设备远程监控与管理

建筑设备监控管理系统能够对建筑物内的各种建筑设备实现远程监控，同时提供设备运行管理，包括维护保养及事故诊断分析、调度及费用管理等。

（1）建筑设备监控管理系统对建筑设备运行状态进行监测，如对水泵、风机等电动机型设备的运行状态监测（是否运行、是否正常运行、手动/自动状态等）、对温湿度的检测、对液位的检测等。

（2）建筑设备监控管理系统对建筑设备发送命令进行控制，如对水泵、风机的启停控制、对电动水阀的调节控制等。

（3）建筑设备监控管理系统通过对建筑设备的统一管理、协调控制，提高了工作效率，减少了运行人员及费用。由于计算机系统对建筑物内大量机电设备的运行状态进行集中监控和管理，对设备运行中出现的故障及时发现和处理，从而节省整个大楼的机电系统的运行管理和设备维护费用。

2. 实现设备运行节能控制

建筑设备监控管理系统对给水排水、空调、供配电、照明、电梯等设备的控制是在不降低舒适性的前提下达到节能、降低运行费用的目的。在现代建筑物内部，实际运行的工作环境大多是人工环境，如空调、照明等，使得建筑物的能源消耗非常巨大。据有关数据[3]，建筑物的能耗达国家整个能耗总量的30%以上。建筑物的能耗则体现在建筑设备的能耗上，在大型公共建筑物内部，设备能耗按不同类别划分的能耗比例如图1-2所示。

图1-2 大型公共建筑的建筑设备能耗比例

建筑设备监控管理系统在充分采用了最优化设备投运台数控制、最优启停控制、焓值控制、工作面照度自动化控制、公共区域分区照明控制、供水系统压力控制、温度自适应设定控制等有效的节能运行措施后，建筑物可以减少约20%左右的能耗，这具有十分重要的经济与环境保护意义。建筑物的生命周期是60~80年，一旦建成使用后，主要的投入就是能源费用与维修更新费用。应用建筑设备监控管理系统有效降低运行费用的支出，其经济效益是十分明显的。

基础知识 2　建筑设备监控管理系统结构

一、计算机控制系统构成

1. 计算机控制系统构成

所谓自动控制，是指没有人直接参与的情况下，利用外加的设备或装置（称控制装置或控制器），使机器、设备或生产过程（统称被控量）的某个工作状态或参数（即被控量）自动地按照预定的规律运行。

建筑设备自动监视与控制系统的控制方式多数采用的是闭环自动控制方式，如图1-3所示。检测装置对被控对象的被控参数进行测量，反馈给控制器，控制器将反馈信号与给定值进行比较，如有偏差，控制器就产生控制信息驱动执行机构工作，直至被控制参数值满足预定要求为止。

将图1-3中的控制器用计算机来代替，即可构成计算机控制系统。由于计算机的输入和输出信号都是数字信号，因而系统中必须有将模拟信号转换为数字信号的A/D（模拟/

数字）转换器，以及将数字信号转换为模拟信号的 D/A（数字/模拟）转换器。

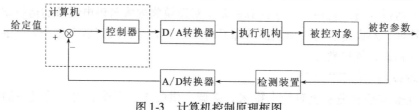

图 1-3　计算机控制原理框图

计算机控制系统应包括硬件和软件两部分。

（1）硬件部分

硬件主要包括主机、过程输入输出设备、外围设备、人机联系设备和通信设备等。硬件组成框图如图 1-4 所示。

1）主机

由中央处理机（CPU）和内存储器（RAM、ROM）组成，主机是计算机控制系统的核心。它根据过程输入设备送来的反映生产过程的实时信息，按照内存储器中预先存入的控制算法，自动地进行信息处理与运算，及时地选定相应的控制策略，并且通过过程输出设备立即向生产过程发送控制命令。

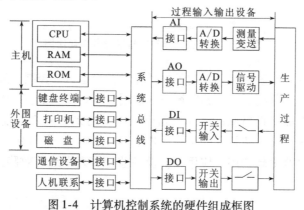

图 1-4　计算机控制系统的硬件组成框图

2）过程输入输出设备

计算机与生产过程之间的信息传递是通过过程输入输出设备进行的，它在两者之间起到纽带和桥梁作用。过程输入设备包括模拟量输入通道（AI 通道）和开关量输入通道（DI 通道），AI 通道先把模拟量信号（如温度、压力、流量等）转换成数字信号再输入，DI 通道直接输入开关量信号或数字量信号。过程输出设备包括模拟量输出通道（AO 通道）和开关量输出通道（DO 通道），AO 通道把数字信号转换成模拟信号后再输出，DO 通道直接输出开关量信号或数字量信号。通过检测装置和执行装置才能和生产过程（或被控对象）发生联系。

3）外围设备

常用外围设备按其功能可分为输入设备、输出设备和存储器。输入设备用来输入程序、数据或操作命令，如键盘终端。输出设备如打印机、绘图机、CRT 显示器等，以字符、曲线、表格、画面等形式来反映生产过程工况和控制信息。外存储器有磁盘等，用来存放程序和数据，作为内存储器的后备存储设备。

4）人机联系设备

操作员与计算机之间的信息交换是通过人机联系设备进行的，如显示器、专用的操作显示面板或操作显示台等。其作用有三：一是显示生产过程的状态，二是供生产操作人员操作，三是显示操作结果。人机联系设备也称为人机接口，是人与计算机之间联系的界面。

5）通信设备

用于不同地理位置、不同功能的计算机或设备之间进行信息交换。

（2）软件部分

软件分为系统软件和应用软件两大类。

1）系统软件

一般包括操作系统、汇编语言、高级算法语言、过程控制语言、数据库通信软件和诊断程序等。

2）应用软件

一般分为过程输入程序、过程控制程序、过程输出程序、人机接口程序、打印程序和公共服务程序等，以及控制系统组态、画面生成、报表曲线生成和测试等工具性支撑软件。

2. 计算机控制系统工作过程

计算机控制过程通常可归结为下述两个步骤：

（1）数据采集

对被控参数的瞬时值进行检测，并输入给控制器。检测装置为各种传感器、开关、继电器辅助触点等。

（2）控制

对采集到的表征被控制参数的状态量进行分析，并按已定的控制规律决定控制过程，适时地对执行机构发出控制信号。

上述过程不断重复，使整个系统能够按照一定的动态品质指标进行工作，并且对被控参数和设备本身出现的异常状态及时监督，同时做出迅速处理。

二、建筑设备控制系统结构

建筑设备自动化系统实际上就是采用计算机对建筑设备进行监控的系统，按照控制主机参与现场设备控制方式的不同，主要有集散式控制系统和现场总线式控制系统。

1. 集散式控制系统

集散式控制系统又名分布式控制系统（Distributed Control Systems，DCS），是采用集中管理、分散控制策略的计算机控制系统，它以分布在现场的控制器完成对被控设备的实时控制、监测和保护任务，具有强大的数据处理、显示、记录及显示报警等功能。建筑设备集散控制系统的结构由三级构成，如图1-5所示。

（1）现场控制级

现场控制级是由现场控制装置（又称现场控制器）、检测装置、执行装置及现场通信网络组成，是对单个设备进行自动化控制，具体功能由安装在被控设备上的各种检测执行装置和现场附近的控制器来完成。

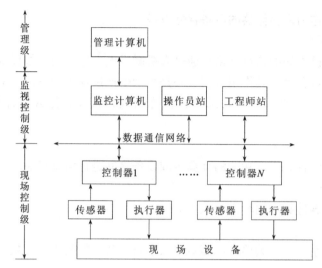

图 1-5　集散式建筑设备监控系统结构

现场控制级的主要组成有：

1）现场控制器

现场控制器在体系结构中又被称为下位机，是以功能相对简单的工业控制计算机、微处理器或微控制器为核心，具有多个 DO、DI、AI、AO 通道，可与各种低压控制电气、检测装置（如传感器）、执行调节装置（如电动阀门）等直接相连的一体化装置，用来直接控制被控设备对象（如给水排水、空调、照明等），并且能与中央控制管理计算机通信。

现场控制器本身具有较强的运算能力和较复杂的控制功能，其内部有监控软件，即使在上位机（监控计算机）发生故障时，仍可单独执行监控任务。

2）检测执行装置

建筑设备通常包括给水排水设备、暖通空调设备、供电照明设备、电梯设备等，这些设备称之为现场被控设备。现场被控设备与现场控制器之间的信息传递通过大量安装在现场设备系统上的检测执行装置来完成。检测执行装置包括：

a. 检测装置，主要指各种传感器，如温度、湿度、压力、压力差、液位等传感器。

b. 调节执行装置，如电动风门执行器、电动阀门执行器等。

c. 触点开关，如继电器、接触器、断路器等。

现场控制级的主要任务有：

1）对设备实时监测和诊断

对被控对象的各个过程变量和状态信息进行实时数据采集，以获得数字控制、设备监测和状态报告等所需要的现场数据；分析并确定是否对被控装置实施调节；判断现场被控设备的状态和性能，在必要时进行报警或提供诊断报告。

2）执行控制输出

根据控制组态数据库、控制算法模块来实施连续控制、顺序控制和批量控制。

（2）监视控制级

监控级由一台或多台通过局域网相连的计算机构成，作为现场控制器的上位机，监控计算机可分为以监控为目的的监控计算机和以改进系统功能为目的的操作计算机。

1）监控计算机

面向运行监控管理人员，主要功能是为管理人员提供人机界面，使操作员及时了解现场运行状态、各种运行参数的当前值、是否有异常情况发生等，并可通过输出设备（键盘或鼠标器）对运行过程进行控制和调节；另一功能是对历史数据进行处理，调用历史数据库完成运行报表、历史趋势曲线等。

2）操作计算机

面向工程师管理人员，也可称为工程师站。主要功能是对分散控制系统进行离线配置和组态，对组态的在线修改功能，如上下限设定值的改变、控制参数的调节、对某个检测点或若干个检测点甚至是对某个现场控制器的离线直接操作等；另一功能是对分散控制系统本身的运行状态进行监视，包括各个现场控制器的运行状态、各监控站的运行情况、网络通信状态等。

（3）管理级

中央管理级是以中央控制室操作站为中心，辅以打印机、报警装置等外部设备组成。主要功能为实现数据记录、存储、显示和输出，优化控制和优化整个集散控制系统的管理调度，实施故障报警、事件处理和诊断，实现数据通信。

中央管理计算机与监控分站计算机的组成基本相同，但是它的作用是对整个系统的集中监视和控制。需要指出的是，并不是所有的集散式控制系统都具有三层功能，大多数中小规模系统只有一、二层，而大规模系统才有第三层。

在建筑物中，需要实时监测和控制的设备具有品种多、数量大和分布范围广的特点。几十层的大型建筑物，建筑面积多达十多万平方米，有数千台（套）设备分布在建筑物的内外。对于这样一个规模庞大、功能综合、因素众多的大系统，要解决的不仅仅是各子系统的局部优化问题，而是一个整体综合优化问题。若采用集中式计算机控制，所有现场信号都要集中于同一个地方，由一台计算机进行集中控制。这种控制方式虽然结构简单，但功能有限且可靠性不高，不能适应现代建筑物管理的需要。集散式控制以分布在现场被控设备附近的多台计算机控制装置完成被控设备的实时监测、保护与控制任务，克服了集中式计算机带来的危险性高度集中和常规仪表控制功能单一的局限性。集散式控制充分体现了集中操作管理、分散控制的思想，在建筑设备自动化系统中得到广泛应用。

2. 现场总线式控制系统

上述的集散式控制系统，在一定程度上实现了分散控制的要求，可以用多个基本控制器作为现场控制器分担整个系统的控制功能，分散了危险性，但现场控制器本身仍然是个集中式结构，一旦现场控制器出故障，影响面仍然比较大。人们向往控制结构的进一步分散化，得到更大的灵活性以及更低的成本。

随着微电子学和通信技术的发展，过程控制的一些功能进一步分散下移，出现了各种智能现场仪表。这些智能传感器、执行器等不仅可以简化布线，减少模拟量在长距离输送过程中的干扰和衰减的影响，而且便于共享数据以及在线自检。因此，现场总线是适应智能仪表发展的一种计算机网络，它的每个节点均是智能仪表或设备，网络上传输的是双向的数字信号。典型的现场总线系统如图1-6所示。

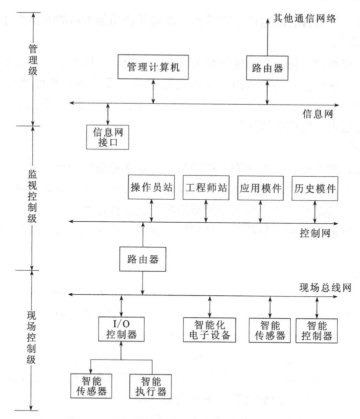

图1-6　现场总线式建筑设备自动化系统结构

概括起来，现场总线技术具有如下一些特点：

（1）现场总线把处于设备现场的智能仪表（智能传感器、智能执行器等）连成网络，使控制、报警、趋势分析等功能分散到现场级仪表，必将使控制结构进一步分散，导致控制系统体系结构的变化。

（2）每一路信号都需要一对信号线的传统方式被一对现场总线所代替，节约了大量信号电缆，简化了仪表信号线的布线工作，降低了电缆安装、保养费用；而且，传输信号的数字化使得检错、纠错手段得以实现，这又极大地提高了信号转换精度和可靠性。因此，现场总线具有很高的性能价格比。

（3）符合同一现场总线标准的不同厂家的仪表、装置可以联网，实现互操作，不同标准通过网关或路由器也可互联，现场总线控制系统是一个开放式系统。

基础知识 3　建筑设备监控管理系统装置硬件

建筑设备自动化监控系统作为一种计算机控制系统，其现场每一个监控点均遵循计算机控制系统构架，参见图1-3。而一个智能建筑其建筑设备监控点通常有成百上千个点，由这些点构成的监控系统结构如图1-5所示。现场控制装置硬件主要包含控制装置、检测装置和执行装置。

一、控制装置

控制装置（又称控制器）：将检测装置送来的被调参数信号与设定值相比较，当出现偏差时发出一定规律的控制信号到执行调节装置。控制装置常采用工业控制计算机、微处理器或微控制器等，具有多个输入输出接口，是可与各种低压控制电气、检测装置（如传感器）、执行调节装置（如电动阀门）等直接相连的一体化装置，并且能与中央控制管理计算机通信。目前常用的有直接数字控制器（DDC）、智能调节器和可编程控制器（PLC）等。

建筑设备监控系统中的现场控制器一般采用直接数字控制器。

1. 直接数字控制器（DDC）及功能

（1）直接数字控制器（Direct Digital Controller，DDC）

所谓直接数字控制是以微处理机为基础，不借助其他设备而将系统中的传感器或变送器的信号直接输入到微型计算机中，经控制器按预先编制的程序计算处理后直接驱动执行器的控制方式。这种计算机称为直接数字控制器，简称 DDC 控制器。DDC 控制系统构成如图 1-7 所示。

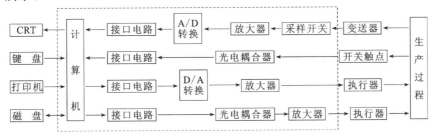

图 1-7　直接数字控制（DDC）系统框图

图 1-7 中虚线范围视为 DDC 控制器，DDC 控制器接收各类检测传感装置的输入信号，并根据控制要求运行软件程序、分析处理这些输入信号、再输出信号到外部设备，这些输出信号通过控制执行调节装置启动或关闭被控设备，或按程序要求执行复杂的动作。

（2）DDC 控制器功能

DDC 控制器内部包含了可编程序的处理器，采用模块化的硬件结构，在不同的控制要求下，可以对模块进行不同的组合以执行不同的控制功能。其功能如下：

1）对现场设备进行周期性的数据采集，并进行分析和运算。

2）实时显示现场设备运行参数及状态。

3）实时对现场设备运行状态进行检查对比，对异常的状态进行报警处理。

4）通过预定的程序完成各种控制功能（PID 控制、逻辑开关控制等）。

5）对现场的设备执行各种命令（执行时间、事件响应程序、优化控制程序等）。

DDC 控制器具有可靠性高、控制功能强、可编写程序等优点，既能独立监控有关设备，又可通过通信网络接受中央管理计算机的统一管理与优化管理。

（3）DDC 控制器的输入输出

建筑设备监控系统中 DDC 的使用，主要掌握其输入输出的连接。DDC 的输入输出有4 种类型：

1）模拟量输入（AI）

模拟量即可连续变化的参量，如温度、压力、流量、液位、空气质量等，这些物理化学量通过相应的测量传感器转变为标准的电信号。如：0～10V、−10～+10V、0～20mA、4～20mA等。这些标准的电信号进入DDC的模拟量输入接口，经过内部的A/D转换器变成数字量，再由DDC计算机进行分析处理。

2）数字量输入（DI）

数字量又称为开关量。DDC计算机可以直接判断DI通道上的开关信号，并将其转化成数字信号（通为"1"、断为"0"），DDC对外部的开关、开关量传感器进行采集，这些数字量经过DDC进行逻辑运算和处理。

3）模拟量输出（AO）

DDC采集的外部信号，通过DDC分析处理后再传送给模拟输出通道。当外部需要模拟量输出时，系统经过D/A转换器转换后变成标准电信号。如：0～10V、−10～+10V、0～20mA、4～20mA等。电动执行器是通过DDC输出模拟量电信号直接控制，模拟量输出信号一般用来控制电动风阀或水阀。

4）数字量输出（DO）

DDC对采集的外部信号，通过DDC分析处理后再传送给数字输出通道。当外部需要数字量输出时，系统直接提供开关信号来驱动外部设备。这些数字量开关信号可以是继电器的触点、NPN或PNP晶体管、晶闸管等。它们被用来控制接触器、变频器、电磁阀、照明灯等。

【例1-1】典型DDC控制器端口连接

以某典型DDC控制器为例[4]。该控制器有两种型号，一种带人机操作界面，其外形如图1-8所示，是将预先配置的应用程序存储在应用模块内存中，可通过人机操作界面或其他外部设备输入指定码进行选择。另一种不带人工操作界面，使用由特定软件建立和下载到控制器的应用程序。

（a）

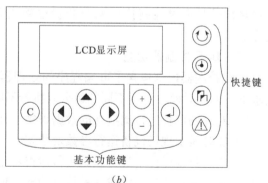

（b）

图1-8 典型DDC控制器外形图
（a）典型控制器外形图；（b）典型控制器操作面板

该控制器有8个模拟输入（AI）、4个模拟输出（AO）、4个数字输入（DI）及6个数字输出（DO），其特性见表1-1，接线端口图如图1-9所示。

典型 DDC 控制器输入输出特性　　　　　　　　　　　表 1-1

类　　型	特　　　　　　　性
8 个通用模拟输入	电压：0～10V 电流：0～20mA（需外接499Ω 电阻） 电阻：0～10bit 传感器：NTC 20kΩ 电阻 　　　　　－58～302°F（－50～150℃）
4 个数字输入	电压：最大24V DC（小于2.5V 为逻辑状态0，大于5V 为逻辑状态1）
4 个通用模拟输出	电压：0～10V，最大11V，±1mA 电阻：8bit 继电器：通过 MCE3 或 MCD3 控制
6 个数字输出	电压：每个晶闸管输出24V AC 电流：最大0.8A，6 个输出一共不能超过2.4A

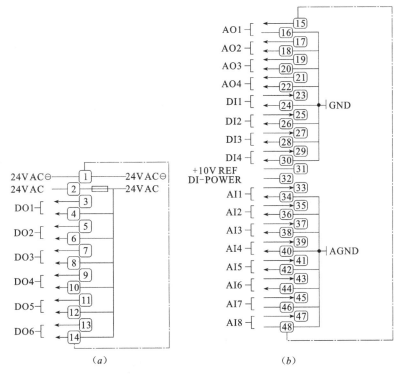

图 1-9　典型 DDC 控制器接线端口
（a）1～14 端口；（b）15～48 端口

控制器端口连接方式：

DO 点连接方式最简单，直接连接 3－4（DO1）、5－6（DO2）、7－8（DO3）、9－10（DO4）、11－12（DO5）、13－14（DO6）即可。

AO 点分是否需要外加电源。如果不需要外加电源，可直接连接 15－16 或 15－1（AO1）、17－18 或 17－1（AO2）、19－20 或 19－1（AO3）、21－22 或 21－1（AO4）；如果需要外加电源，则按如下方法连接：15－2（AO1）、17－2（AO2）、19－2（AO3）、21－2（AO4）。

DI 点则分无源点还是有源点。若是无源触点，连接 23 – 32（DI1）~ 29 – 32（DI4）；若是有源触点，则应连接 23 – 24（DI1）、25 – 26（DI2）、27 – 28（DI3）、29 – 30（DI4）。

AI 点最为复杂，有四种连接方式，一定要根据具体情况连接，否则很容易出错。对无源传感器，连接 33 – 34（AI1）~ 47 – 48（AI8）；对有源传感器，则连接 33 – 1（AI1）~ 47 – 1（AI8）；若是需要外加电源的有源传感器，连接 33 – 2（AI1）~ 47 – 2（AI8）；当 AI 点用作 DI 点时，连接 33 – 31（AI1）~ 47 – 31（AI8）。

2. DDC 控制器的选用与布置

（1）DDC 的选用

根据建筑设备监控点的密集场合选用不同处理能力的 DDC。例如冷冻机房、热力站等监控点多且集中的场合，优先采用大型控制器，以减少故障率和控制器间的通信。这种控制器的典型特征是有强大的处理器和内存，尤其是能够和 I/O 扩展模块连接达到输入输出功能的扩展。对空气处理机、新风机、照明等分散安装的设备采用中小型控制器即可。

（2）DDC 的布置

DDC 控制器一般应安装在受控设备现场，宜与相应配电箱并列布置以利于布线。同一个机房内设备（冷冻站、热力站等）可以合用一个控制器；分散安装设备（新风机、照明等）可采用相邻楼层合用一个控制器，只是不便于管理和调试。控制器的电源宜集中供应，可从 UPS 总电源引出，从受控设备现场引用电源的做法不值得推荐。

二、检测变送装置

在建筑设备自动化系统中，往往需要对温度、湿度、压力、流量和液位等参量进行检测和控制，使之处于最佳的工作状态，以便用最少的材料及能源消耗，获得较好的经济效益。对这些参量进行检测变送的装置就是各种各样的传感器、变送器等，其功能是将被控对象的被调参数检测出来，将其转换成能量信号，并送给控制器。

1. 传感器的概念及种类

在自动化控制系统中需要采用微电子技术对各种参数进行检测。这些参数可以分为两大类：一类是电压、电流、阻抗等电量参数，将电量转换为适于传输或测量电信号的器件，通常称为变送器。另一类则是温度、湿度、压力、流量等非电量参数。要对这些非电量参数进行检测，必须运用一定的转换手段，把非电量转换为电量，然后再进行检测。将非电量转换为适于传输或测量电信号的器件，通常称为传感器。

所谓适于传输或测量电信号，通常是指电压、电流等电量信号，这些信号可以非常方便地进行传输、转换、处理和显示。建筑设备控制系统所用传感器传输的电信号一般情况下就是一个 0 ~ 5V 直流电压或 4 ~ 20mA 电流，它们都可以直接送给控制器 DDC 的 AI 输入端。

通常传感器由敏感元件和转换元件组成。其中，敏感元件是指传感器中能直接感受或响应被测量的部分；转换元件是指传感器中将敏感元件感受或响应的被测量转换成适于传输或测量的电信号部分。由于传感器的输出信号一般都很微弱，因此需要有信号调理与转换电路对其进行放大、运算调制等。随着半导体器件与集成技术在传感器中的应用，传感器的信号调理与转换电路可能安装在传感器的壳体内或与敏感元件一起集成在同一芯片上。此外，信号调理转换电路以及传感器的工作必须有辅助的电源。传感器构成框图如图 1-10 所示。

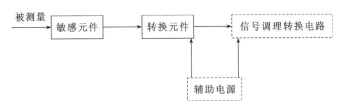

图 1-10　传感器构成框图

用于测量与控制的传感器种类繁多，目前一般采用两种分类方法：一种是按被测参数（即输入量），如温度、压力、位移、速度等；另一种是按传感器的工作原理，如应变式、电容式、磁电式等。表 1-2 列出了常用的分类方法。

传感器的分类　表 1-2

分类法	形　式	说　明
按作用原理分	应变式、电容式、压电式、热电式等	以传感器对信号转换的作用原理命名
按输入量分	位移、压力、温度、流量、气体等	以被测量命名（即按用途分类法）
按输出量分	模拟式 数字式	输出量为模拟信号 输出量为数字信号

除表 1-2 列出的分类法外，还有按构成敏感元件的功能材料分类的，如半导体传感器和陶瓷传感器、光纤传感器、高分子薄膜传感器等；或与某种高技术、新技术相结合而得名的，如集成传感器、智能传感器、机器人传感器、仿生传感器等。

2. 建筑设备控制系统中常用传感器

建筑设备控制系统中常用传感器一般包括：给水排水监控系统采用液位传感器、水流开关等；冷暖空调系统采用风管式温湿度传感器、水管式温度传感器、流量传感器等；供配电系统采用电压、电流、功率等变送器；火灾报警系统采用感温、感烟探测器；入侵报警系统采用红外探测器、门磁开关等。在此，介绍几种典型传感器原理及性能。

（1）电压、电流变送器

电参数的测量主要是对电压、电流、功率、频率、阻抗和波形等参数的测量。在电参数的测量中，被测电量的特点是：电压和电流的范围广，从纳伏级到数百千伏的高压；从纳安到数百千安的电流。对正弦交流电压、电流常用检测原理框图如图 1-11 所示。

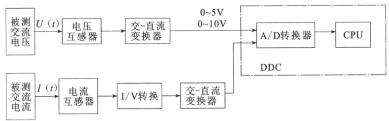

图 1-11　正弦交流电压、电流的测量原理

被测交流电压、电流经互感器变换到一定的量程范围，然后经交-直流变换电路，将交流信号的有效值转变为一个直流电压值，经量程变换后达到标准的电压范围，单极性的如 0~5V 或 0~10V，双极性的如 ±5V、±10V。这个标准的电压范围信号可直接送给

DDC 控制器的 AI 输入，DDC 内部经 A/D 转换器将此电压信号转变成一个数字量，最终将此数字量乘以放大器放大或衰减系数即得被测交流电压、电流的有效值。

（2）功率变送器

功率的测量原理如图 1-12 所示。其核心是模拟乘法器，交流电压和电流信号经模拟乘法器相乘后即得瞬时功率信号，再经低通滤波器得出平均功率值，这是一个直流信号，它代表被测功率的大小。将此直流电压值测量出即可求得被测功率的数值。

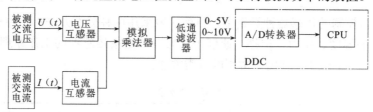

图 1-12　功率的测量原理

（3）温度传感器

温度检测通常采用热电原理检测方式，传感器一般采用铂热电阻、铜热电阻、热敏电阻、热电偶等作为敏感元件。其基本原理是利用敏感元件的电阻随温度变化的特性，在一定范围内根据测量热电阻阻值的变化，便可以知道被测介质的温度变化。

以铂热电阻 Pt1000 为例，它基本是线性器件，其输入输出特性曲线是线性的，即：$R_t = R_0 + \alpha t$。R_t 表示被测温度电阻值，R_0 表示零温度时的阻值，α 为灵敏度。被测温度电阻经 $R - V$（电阻-电压）变换和信号调理后，输出标准的电压（0～5V，0～10V）或电流（4～20mA），如图 1-13 所示。

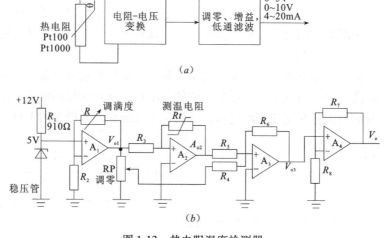

图 1-13　热电阻温度检测器

（a）热电阻测量电路原理图；（b）电压输出型实用的测温电路

在建筑设备自动化控制系统中，对温度的检测主要用于：

1）室内气温、室外气温，范围在 −40～45℃。

2）风道气温，范围在 −40～130℃。

3）水管内水温，范围在 0~90℃。

温度传感器在结构上有墙挂式、水管式、风管式等，如图1-14所示。

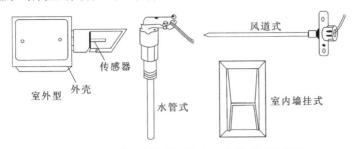

图1-14 建筑设备控制系统中温度传感器示意图

（4）湿度传感器

在建筑设备自动化控制系统中对湿度的检测主要用于室内室外的空气湿度、风道的空气湿度的检测。常用的湿度传感器有：烧结型半导体陶瓷湿敏元件、电容式相对湿度传感元件等。

烧结型半导体陶瓷湿敏元件实际是一个半导体的湿敏电阻（同热敏电阻相似），它的输入输出特性曲线是非线性的，测量电路或系统要进行非线性校正。

电容式相对湿度传感元件是利用极板电容器容量的变化正比于极板间介质的介电常数，如果介质是空气，则其介电常数和空气相对湿度成正比，因此，电容器容量的变化与空气相对湿度的变化成正比。电容式相对湿度传感器的湿度测量范围在 10%~90%RH，其输出是标准的电压（0~5V，0~10V）或电流（4~20mA）。

（5）压力传感器

压力传感器是通过弹性元件将（压）力变换成位移，此位移虽然是一个曲线运动，但在位移量不大时可近似认为是直线运动，且位移大小与压力成正比。该位移经过电容或电感式位移检测器变换成电量，其测量原理如图1-15所示。

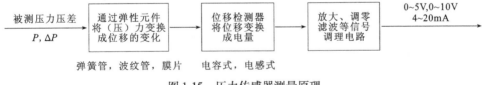

图1-15 压力传感器测量原理

常用的弹性元件如图1-16所示。弹簧管是最常用的一种弹性测压元件，可以是单圈的，也可以是螺旋弹簧形状。波纹管是将金属薄管折皱成手风琴风箱形状而成的，它比弹簧管能得到较大的直线位移，即灵敏度高，其缺点是压力-位移特性的线性度不如弹簧管好，因此经常将它和弹簧管组合使用。

在建筑设备监控系统中对压力的检测主要用于风道静压、供水管压、差压的检测，大部分的应用属于微压测量，量程在 0~5000Pa。

（6）液位传感器

在建筑设备监控系统中，经常需要测量各种容器或设备中两种介质分界面的位置，如给水箱中水的高度等，一般以容器的底部作为参考点来确定液面与参考点间的高度，即液位。液位是属于机械位移一类的变量，因此把液面位置经过必要的转换，测量长度和距离的各种方法原则上都可以使用，通常有压力式、浮标式、电容式和光纤式等，这里仅介绍光纤液位传感器。

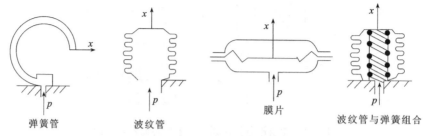

图1-16　常用弹性元件结构

光纤液位传感器由 LED 光源、光电二极管和多模光纤等组成，是基于全内反射原理研制的设备，有 Y 型、U 型和棱镜耦合型三种结构，如图1-17 所示。

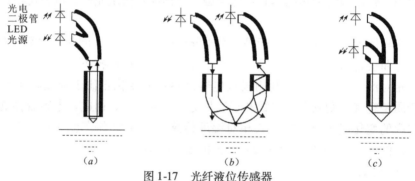

图1-17　光纤液位传感器
（a）Y 型光纤；（b）U 型光纤；（c）棱镜耦合

Y 型结构的特点是：在光纤测头端有一个圆锥体反射器。当测头置于空气中，没有接触液面时，光线在圆锥体内发生全反射而返回到光电二极管；当测头接触液面时，由于液体折射率与空气不同，全内反射被破坏，将有部分光线透入液体内，使返回到光电二极管的光强变弱。返回光强发生突变时，表明测头已接触到液位。其他两种结构原理类似，区别是接受光强与液体折射率和测头弯曲的形状有关。

（7）流量传感器

检测流量也有多种方法，有节流式、容积式、涡轮式、电磁式等。以涡轮流量计为例，其结构如图1-18 所示，一般用来测量液体的流量。

涡轮流量计涡轮的轴装在导管的中心线上，流体轴向流过涡轮时，推动叶片，使涡轮转动，其转速近似正比于液体流量。图中在不导磁的管壳外放着一个套有感应线圈的永久磁铁，因为涡轮叶片是导磁材料制成的，故涡轮旋转，每片叶片经过磁铁下面时，不断改变磁路的磁阻，使通过线圈的磁通量发生变化，感应输出电脉冲。这种脉冲信号很易远传，而且计算容积特别方便，只需配用电子脉冲计数器即可。瞬时流量，可通过检测脉冲信号的频率而得。

在建筑设备自动化系统中，除这些常用的传感器外，还可用到微波传感器、激光传感器和智能传感器等。究竟选用什么传感器，要根据具体的应用、传感器的工作原理以及传

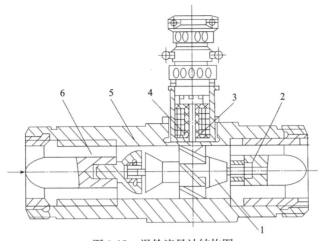

图 1-18　涡轮流量计结构图

1—涡轮；2—磁铁；3—支承；4—线圈；5—导流器；6—壳体

感器的性能指标等综合考虑。

【注：上述讨论的均是模拟量传感器，在建筑设备监控系统中，还利用大量接触器、继电器等开关触点作为开关量传感器，通过这些开关触点向 DDC 传送数字信号。另外，建筑消防、安防系统中常用的智能感温感烟传感器、红外传感器、门磁开关等见单元 3 介绍。】

3. 常用传感器的安装

典型传感器的安装与接线举例如下[5]。

【例 1-2】风管式温、湿度传感器的安装。如图 1-19 所示。

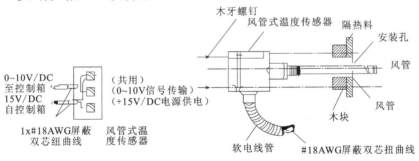

（a）　　　　　　　　　　　　　　　　　　　　　　　（b）

图 1-19　风管式温度传感器安装图

（a）风管式温度传感器接线图；（b）风管式温度传感器安装图

安装风管式温、湿度传感器时应注意以下一些问题：

1）传感器应安装在风速平稳、能反映风温的位置。

2）传感器的安装应在风管保温层完成后，安装在风管直管或应避开风管死角的位置和蒸汽放空口位置。

3）风管式温、湿度传感器应安装在便于调试、维修的地方。

【例 1-3】水管式温度传感器的安装，如图 1-20 所示。

水管式温度传感器安装时应注意以下一些问题：

1）水管式温度传感器应在工艺管道预置、安装的同时进行。

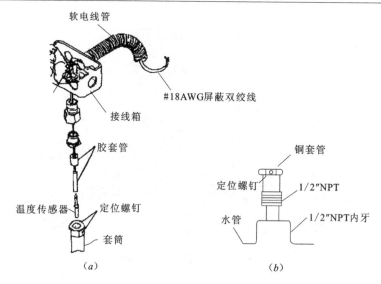

图 1-20　水管式温度传感器安装图
（a）温度传感器安装示意图；（b）铜套管安装示意图

2）水管式温度传感器的开孔与焊接工作，必须在工艺管道的防腐、吹扫和压力试验前进行。

3）水管式温度传感器的安装位置应在水流量变化灵敏和具有代表性的地方，不宜选择在阀门等阻力件附近和水流死角以及振动较大的位置。

4）水管式温度传感器不宜安装在焊接缝处、焊接处及焊接边缘上。

【例1-4】风压压差开关的安装，如图1-21所示。

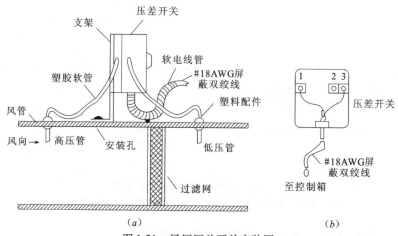

图 1-21　风压压差开关安装图
（a）压差开关安装图；（b）压差开关接线图

风压压差开关安装时应注意以下一些问题：

1）压差开关的安装应在风管保温层完成之后。

2）开关应安装在便于调试、维修的地方。

3）开关不应影响空调器本体的密封性。

4）开关应避开蒸汽放空口。

【例1-5】水流开关的安装，如图1-22所示。

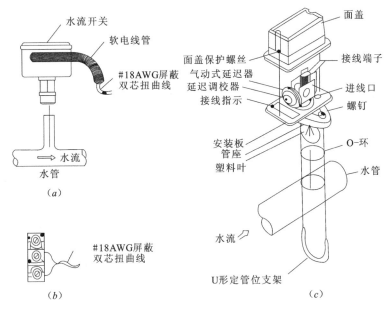

图 1-22　水流开关安装图

（a）水流开关安装位置；（b）水流开关接线图；（c）水流开关的安装

水流开关安装时应注意以下一些问题：

1）水流开关安装应在工艺管道预置、安装的同时进行。

2）开关的开孔与焊接工作，必须在工艺管道的防腐、吹扫和压力试验前进行。

3）开关应安装在水平管段上，不应安装在垂直管段上。

4）开关不宜安装在焊接缝处、焊接处及焊接边缘上。

5）开关应安装在便于调试、维修的地方。

各种传感器实物见图 1-23。

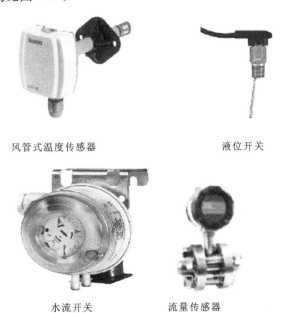

风管式温度传感器　　　　液位开关

水流开关　　　　流量传感器

图 1-23　各种传感器实物图片

三、执行调节装置

在建筑设备监控系统中，执行调节装置根据控制装置（控制器）发来的控制信号的大小和方向，开大或关小调节阀门而改变调节参数的数值。这类装置主要包括各种执行器和电动阀门。

按使用的能源分类，执行调节装置有气动、电动和液动等类型，建筑设备监控系统中通常采用电动执行器。控制或调节的对象多为装于水管的阀门和装于风管的风门。

1. 执行器在控制系统中的功能

执行器在系统中的作用是执行控制器的命令，直接控制被测对象的输送量，是自动控制的终端主控元件。执行器安装在现场设备，执行器的选择不当或维护不善常使整个控制系统不能可靠工作，严重影响控制品质。

电动执行机构的组成一般采用随动系统的方案，如图1-24所示。从控制器来的信号通过伺服放大器驱动电动机，经减速器带动调节阀，同时经位置传感器将阀杆行程反馈给伺服放大器，组成位置随动系统，恢复位置负反馈，保证输入信号准确地转换为阀杆的行程。

2. 建筑设备控制系统中常用执行器

电动执行器根据使用要求有各种结构。驱动和控制阀门的装置有：电磁阀、电动调节水阀、电动调节风门等。

（1）电磁阀

电磁阀是常用电动执行器之一，它利用电磁铁的吸合和释放对小口径阀门做通、断两种状态的控制，其结构简单，价格低廉，结构如图1-25所示。它是利用线圈通电后，产生电磁吸力提升活动铁心，带动阀塞运动控制气体或液体流量通断。电磁阀有直动式和先导式两种，图1-25为直动式电磁阀。这种结构中，电磁阀的活动铁心本身就是阀塞，通过电磁吸力开阀，失电后，由复位弹簧闭阀。

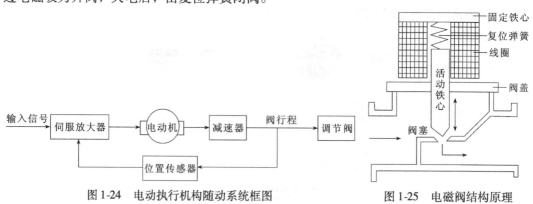

图1-24 电动执行机构随动系统框图　　图1-25 电磁阀结构原理

（2）电动调节阀

电动调节阀是以电动机为动力元件，将控制器输出信号转换为阀门的开度。它是一种连续动作的执行器。

电动执行机构根据配用的调节机构不同，输出方式有直行程、角行程和多转式三种类型，分别同直线移动的调节阀、旋转的蝶阀、多转的感应调节器等配合工作。在结构上电动执行机构除可与调节阀组装整体的执行器外，常单独分装以适应各方面需要，使用比较灵活。

电动执行机构一般采用随动系统方案组成。电动机通过减速器变为转角，控制阀杆行程来改变阀门的开度，阀杆行程直接能反映阀门的开度。因此，将阀门行程再经位置信号转换器反馈到伺服放大器的输入端，与给定输入信号相比较来确定对电动机的控制。在实际运用中，为了使系统简单，常使用两位式放大器和交流感应电动机。因为电机在运行中，多处于频繁启动和停止过程，为使电机不致过热，常使用专门的异步电动机，用增大转子电阻的方法，以减小启动电流，增加启动力矩。

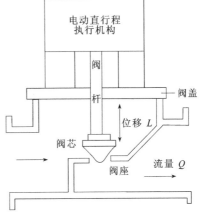

图 1-26　电动调节阀原理

图 1-26 所示是直线移动的电动调节阀原理，阀杆的上端与执行机构相连接，当阀杆带动阀芯在阀体内上下移动时，改变了阀芯与阀座之间的流通面积，即改变了阀的阻力系数，其流过阀的流量也就相应地改变，从而达到了调节流量的目的。

（3）电动风门

电动风门（又称电动风阀）实际上是把电动执行器、联杆机构及风阀阀体组装在一起的一个风路附件。在智能楼宇的空调、通风系统中，用得最多的执行器是风门，风门用来控制风的流量，其结构原理如图 1-27 所示。

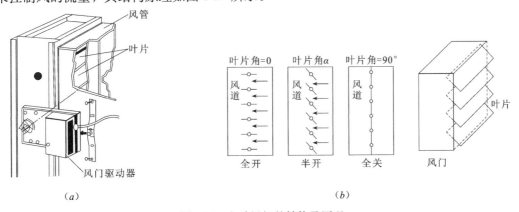

（a）　　　　　　　　　　　　　　（b）

图 1-27　电动风门的结构及原理
（a）电动风门结构；（b）风门的结构原理

图 1-27（b）所示，当叶片转动时改变流道的等效截面积，即改变了风门的阻力系数，其流过的风量也就相应地改变，从而达到了调节风流量的目的。

3. 常用执行器的安装

典型执行器的安装与接线举例如下[5]。

【例 1-6】电磁阀的安装，如图 1-28 所示。

电磁阀安装时应注意以下一些问题：

1）电磁阀阀体上箭头的指向应与水流方向一致。

2）执行机构应固定牢固，操作手轮应处于便于操作的位置。

3）电磁阀在管道冲洗前，应完全打开。

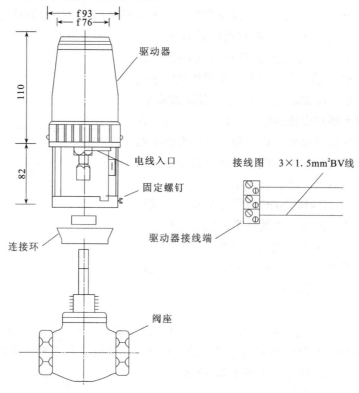

图 1-28　电磁阀安装示意图

【例 1-7】电动风阀的安装，如图 1-29 所示。

电动风阀安装时应注意以下一些问题：

1）风阀控制器上的开闭箭头的指向应与风门开闭方向一致，风阀控制器应面向便于观察的位置。

2）风阀的机械机构开闭应灵活，无松动或卡阻现象。

3）风阀控制器应与风阀门轴垂直安装，垂直角度不小于85°。

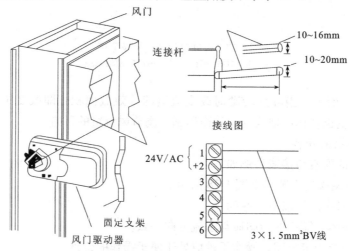

图 1-29　电动风阀安装示意图

基础知识 *4*　建筑设备监控管理系统组态软件

完整的计算机控制系统包括硬件和软件两大部分，单纯只有硬件的系统集合体对实际应用来说毫无意义，必须要有软件系统。软件系统通常有两种形式，一种是编程形式，一种是组态形式，建筑设备自动化监控系统软件常采用组态形式。

所谓"组态"（Configuration），即组织、构成的意思。软件组态，是指为实现某种控制任务，以某种代码的形式选择程序模块，并加以连接，然后赋予各程序模块以必要的参数，组成具体控制系统也就是编制应用程序的过程。

组态软件是一些数据采集和过程控制的专用软件，它是在自动控制系统监控层一级的软件平台和开发环境，能以灵活多样的组态方式（而不是编程方式）提供良好的用户开发界面和简捷的使用方法。

一、控制装置的调节方式

在工程实际中，应用最为广泛的调节器控制规律为比例、积分、微分控制，简称 PID 控制，又称 PID 调节。建筑设备自动化系统作为一种计算机控制系统，其现场控制调节装置的调节方式主要采用 PID 调节方式。

1. 比例（P）控制

比例控制是一种最简单的控制方式，其控制器的输出与输入误差信号成比例关系。当仅有比例控制时，系统输出存在稳态误差。比例式调节的作用是按比例反应系统的偏差。系统一旦出现了偏差，比例调节立即产生调节作用以减少偏差。比例越大，越可以加快调节、减少误差，但是过大的比例，容易使系统的稳定性下降，甚至造成系统的不稳定。

2. 积分（I）控制

在积分控制中，控制器的输出与输入误差信号的积分成正比关系。积分调节作用是使系统消除稳态误差，提高无差度。如果有误差，积分调节就进行，直至无误差，积分调节停止，积分调节输出一常值。因此，比例 + 积分（PI）控制器，可以使系统在进入稳态后无稳态误差。

3. 微分（D）控制

在微分控制中，控制器的输出与输入误差信号的微分（即误差的变化率）成正比关系。微分调节作用是反映系统偏差信号的变化率，具有预见性，能预测误差变化的趋势，因此能产生超前的控制作用，比例 + 微分（PD）控制器能改善系统在调节过程中的动态特性。

二、组态软件控制功能

1. 组态软件控制功能

建筑设备监控系统组态软件提供的主要控制功能有：

（1）建立受控设备系统原理图

对于每一个受控设备系统，首先要建立监控原理图，其目的是在原理图中表示监控点的数量、特性及选用监控设备。有关各种建筑设备监控原理图的设计在单元 2 详细介绍。图 1-30 所示为在组态软件环境下建立的空调系统监控原理图。

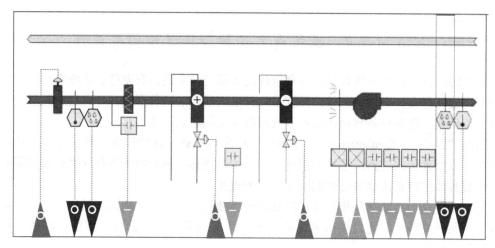

图 1-30　组态软件环境下建立的空调系统监控原理图

（2）开关量逻辑控制

在建筑物中，有大量的风机、冷冻机、水泵等电动机驱动设备，需要频繁地启动、停止控制，这些机电设备的启/停控制是通过设备的配电控制箱内接触器、继电器等电器触点的合分进行。这些触点的共同特性是要么处于闭合状态（on 或 1，如果是模拟点表示真），要么处于打开状态（off 或 0，如果是模拟点表示假），因此又将这类数字量称为开关量。

风机、水泵等设备的启/停控制就属于开关量逻辑控制。当一系列的条件满足时，可将数字点或模拟点设定为某一特定值或状态，也可加入时间延时。组态软件提供的数字控制的环境工具通常以开关表表示。

开关表由行和列组成，每一行包含点或输出的条件、用户地址、数值和开关状态。表中的第一行总是指定所需的输出结果。附加行实现 AND 逻辑，附加列实现 OR 逻辑。数字点只占一行，但模拟点占两行，模拟点的第一行指定用户地址和比较类型（如大于或等于），第二行指定测试值和偏差，最后一列的开关状态则适用于两行。典型表达实例如图 1-31 所示[4]。

RET_FAN			1
STATUS_FAN_SUP	Te=30s	1	
DISCH_AIR_TEMP	>=		1
68.0	3.0		

(a)

RET_FAN			1
STATUS_FAN_SUP	Te=30s	1	−
DISCH_AIR_TEUP	>=		
68.0	3.0	−	1

(b)

图 1-31　典型开关逻辑控制表示方式
（a）AND 逻辑；（b）OR 逻辑

图 1-31（a）中，第 1 行表示输出结果，控制点"RET_FAN"结果为 1，其余行为条件行，行与行之间的关系是"与"（AND）的关系。表示 STSTUS_FAN_SUP 打开 30s 并且 DISCH_AIR_TEUP≥68F（20℃）时，启动 RET_FAN。最后一行第二列中的 3.0 表示 68F 的偏差，防止 RET_FAN 频繁启动。

图 1-31（b）中，附加列表示"或"（OR）的关系。表示 STSTUS_ FAN_ SUP 打开 30s 或 DISCH_ AIR_ TEUP≥68F，偏差为 3F 时，均可打开 RET_ FAN。

（3）模拟量策略控制

在设备监控系统中，通常对被控过程实施控制，如空调系统的温、湿度自动调节等，这种调节是连续的模拟量调节，采用的调节控制装置有电动水阀、电动风门等。建筑设备监控系统模拟量策略控制就是为模拟点提供标准的控制功能，通过检测控制回路和调节设备操作来维持环境的舒适水平。

组态软件提供的模拟量控制策略由控制回路组成，控制回路由一系列的表示事件顺序的控制图标组成，每一个控制图标具有预编程和运算法功能。例如 PID 控制图标具有 PID 运算功能，利用该功能通过调节空调冷冻水阀门开度，达到调节室内温度的目的。

图 1-32 所示为组态软件环境下建立的典型控制回路。表 1-3 所示为组态软件部分控制图标及功能。

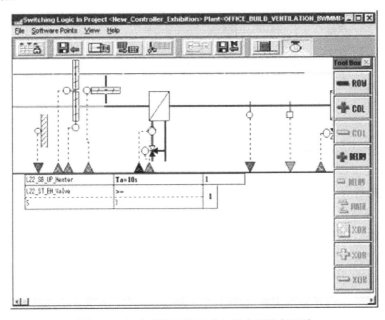

图 1-32　组态软件环境下建立的典型控制回路

组态软件部分控制图标及功能　　　　　　　　　　　　　　　表 1-3

控制图标	功能名	图标名	功能描述
＋	加法	ADD	两个以上的模拟点输入求和
－	减法	DIF	两个以上的模拟点输入求差
	选通开关	SWI	根据一个数字量，选通不同的控制回路
AVR	平均值	AVR	计算多个（2~6）模拟量输入点的平均值
《	串级控制	CAS	串级控制器
CAS	串级控制（带 DI）	CAS	带数字量输入的串级控制器
	转换开关	CHA	根据一个数字量来传递模拟值

控制图标	功能名	图标名	功能描述
ᒥᒍᒍ	循环	CYC	建立一个循环操作
IDT	数据传递	IDT	将值从一个控制图标传递到其他图标或点
MAX	最大值	MAX	选择多个模拟量输入中的最大值
MIN	最小值	MIN	选择多个模拟量输入中的最小值
NIPU	夜间降温	NIPU	夜间使用较冷的室外温度以降低能耗
EOV	优化空调启停	EOV	为启停空调设备计算最优值
EOH	优化加热启停	EOH	为启停加热系统计算最优值
◁	PID	PID	PID 控制器
PID	PID（带使能端）	PID	带有开关使能端的 PID 控制器
ᒐᒧ	限幅	RAMP	限制房间温度变化率
RIA	读取	RIA	读取一个用户地址的属性值

（4）时间程序

组态软件可建立与容量相符的控制设备启/停的时间程序。例如制冷空调系统中，冷却塔、风机、水泵等设备的顺序启动和停止。除此之外，还可以定义设备工作日常时间表（如工作日、周末、假期等等）。

2. 组态软件运行流程

建立软件组态前，首先要新建一个项目。一个项目可以含有多个 DDC 控制器，可以组态多个设备系统。一个 DDC 控制器也可以包含多个设备系统，但同一个设备系统不能分配给多个控制器。

设备控制系统经过软件组态完成之后，进行编译、下载，即可在线测试控制器的运作情况。典型软件组态的步骤和流程框图如图 1-33 所示。

三、组态软件其他功能

组态软件为控制工程师提供了丰富的运算和控制模块，以及使用这些模块的简便方法，即人机对话的填表方式。一般采用窗口式菜单，首先将所需的模块调到 CRT 屏幕上，然后再按规定填写，即可生成期望的功能模块。当用户需要变更控制方案时，不必改变接线，只要重新组态即可。

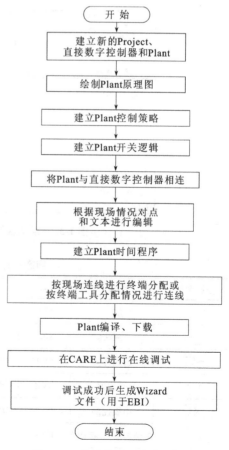

图 1-33　典型软件组态流程框图

单 元 小 结

本单元是为本书单元 2 讲解建筑设备监控管理系统奠定基础。建筑设备监控系统基础知识本单元共分四部分。第一部分论述了什么是建筑设备监控管理系统及其功能，第二部分论述监控系统结构，第三和第四部分分别介绍系统组成的硬件和软件。

通过本单元理论知识的学习和基本技能实训，了解建筑设备监控系统的基本结构，熟悉系统中常用控制器、传感器及执行器的功能及应用，了解系统软件组态，为学习本书单元 2 建筑设备监控管理系统打下基础。

技能训练 2 热电偶传感器特性实验

该训练项目可根据条件选择任何一种传感器特性实验，其目的是了解传感器的工作原理。可参考本书电子档【技能训练 2】。

思 考 题 与 习 题

一、填空题

1. 智能建筑具有_____等特点。

2. 智能建筑主要组成系统有_____等。

3. 通常建筑物本体的寿命在_____年左右，而设备设施的寿命在_____年左右。

4. 集散式控制系统是_____计算机控制系统。

5. 建筑设备自动化监控系统中，起核心作用的是_____。

6. DDC 控制器的输入输出接口接有 4 种信号，它们分别是 AI_____、AO_____、DI_____、DO_____。

7. 传感器定义为_____。

8. 建筑设备自动化监控系统中，常用传感器_____等。

9. 执行器在系统中的作用是_____。

10. 建筑设备自动化监控系统中，常用执行器_____等。

二、简答题

1. 简述建筑设备集散式控制系统结构。

2. 简述建筑设备监控管理系统对设备监控的具体内容。

单元2 智能建筑设备监控管理系统

【本单元要点】建筑设备管理系统（BMS）是对建筑物内部的设备运行、能源使用、环境、交通及安全设施进行监测、控制和管理，以提供一个既安全可靠、节约能源，又舒适宜人的工作或居住环境。学习本单元要求掌握建筑给水排水、暖通空调、供配电、照明、电梯自动化监控系统基本组成、工作原理等知识，能够做出建筑设备监控管理各系统施工图表，掌握基本的 DDC 楼宇设备监控系统硬件接线及软件组态。

教学导航

<table>
<tr><td rowspan="4">教</td><td>重点知识</td><td>1. 建筑给水系统监控点功能及其设置。
2. 暖通空调系统监控点功能及其设置。
3. 建筑设备监控系统监控原理图及监控点表的编制。
4. 建筑设备监控系统 DDC 接线及软件组态</td></tr>
<tr><td>难点知识</td><td>1. 暖通空调系统工作原理及设备设施。
2. 使用 DDC 组态软件，编制控制策略</td></tr>
<tr><td>推荐
教学方式</td><td>对重点知识处理：
1. 参照附表 2 确定建筑设备系统监控功能。
2. 按工作过程系统讲解建筑给水监控系统设计施工过程及图表的编制，举一反三，其他设备监控系统设计施工步骤类同。
3. 与单元 1 对应讲解，使学生对概念清楚。
4. 参照本书工程实例 1，巩固知识的掌握。
对难点知识处理：
1. 应用多媒体课件，通过动画、视频讲解建筑给水排水、暖通空调、供配电、电梯工作原理与设备。
2. DDC 软件组态，典型的逻辑控制是给水系统水泵控制，典型的模拟调节是空调冷水阀调节，该两例重点让学生掌握</td></tr>
<tr><td>建议学时
（18 学时）</td><td>理论 12 学时：参照本书电子版单元 2 课件
实践 6 学时：参照本书技能训练 3、4、5</td></tr>
<tr><td rowspan="3">学</td><td>推荐
学习方法</td><td>1. 掌握建筑设备监控系统设计施工工作过程，并记录其步骤。
2. 会识读附表 1，对书中每个设备监控原理图，编制监控点表。
3. 巩固知识概念，完成本单元课后练习，并做自主评价，参考答案参照本书电子版单元 2 习题答案</td></tr>
<tr><td>必须掌握的
理论知识</td><td>1. 熟悉并掌握建筑给水排水、暖通空调、供配电、照明、电梯监控系统监控功能分析及监控点设置。
2. 熟悉并掌握上述各设备监控点的类型分析，并能选择相关控制器、传感器及执行器</td></tr>
<tr><td>必须掌握的技能</td><td>1. 能绘制建筑设备各监控系统原理图，并编制监控点表。
2. 能使用 DDC 组态软件，编制基本逻辑控制及模拟调节策略</td></tr>
</table>

　　建筑设备监控管理系统是智能建筑不可缺少的重要组成部分，其任务是对建筑物内部的能源使用、环境、交通及安全设施进行监测、控制与管理，以提供一个既安全可靠、节

约能源，又舒适宜人的工作或居住环境。

1. 建筑设备监控管理系统监控对象

建筑设备监控管理系统监控对象通常包括：

（1）建筑给水排水系统

（2）暖通空调系统

（3）建筑供配电系统

（4）建筑照明系统

（5）电梯系统

一般情况下，上述设备监控管理系统应与消防及安全防范系统建立通信联系，以便灾情发生时，能够按照约定实现操作转移，进行一体化的协调控制。

2. 建筑设备监控管理系统功能

建筑设备监控管理系统功能有：

（1）自动监视并控制各种机电设备的启/停，显示或打印当前运行状态。如冷水机组正在运行时，冷却水泵出现故障，备用泵自动投入使用等。

（2）自动检测、显示、打印各种设备的运行参数及其变化趋势或历史数据。如温度、湿度、压差、流量、电压、电流、用电量等，当参数超过正常范围时，自动实现越限报警。

（3）根据外界条件、环境因素、负载变化情况自动调节各种设备，使之始终运行在最佳状态。如空调设备可根据气候变化、室内人员多少自动调节、自动优化到既节约能源又感觉舒适的最佳状态。

（4）监测并及时处理各种意外、突发事件。如检测到停电、燃气泄漏等偶然事件时，可按照预先编制的程序迅速进行处理，避免事态扩大。

（5）实现对大楼内各种机电设备的统一管理、协调控制。例如火灾发生时，不仅仅是消防系统立即启动投入运行，而且整个大楼内所有有关系统都将自动转换方式、协同工作：供配电系统立即切断普通电源，确保消防电源；空调系统自动停止通风，启动排烟风机；电梯系统自动停止使用普通电梯并将其降至底层，自动启动消防电梯；照明系统自动接通事故照明、避难诱导灯；有线广播系统自动转入紧急广播、指挥安全疏散等。整个建筑设备自动化系统将自动实现一体化的协调运转，以使火灾的损失减到最小。

（6）能源管理。自动进行对水、电、燃气等的计量与收费，实现能源管理自动化。自动提供最佳能源控制方案，如白天使用燃气，夜晚使用电能，以错开用电高峰，达到合理、经济地使用能源。自动监测、控制设备用电量以实现节能，如下班后及节假日室内无人时，自动关闭空调及照明等。

（7）设备管理。包括设备档案管理、设备运行报表和设备维修管理等。

任务 1　建筑给水排水系统及其监控

一、建筑给水系统组成及工作原理

建筑内部给水系统的任务是将室外给水管网的水经济合理、安全可靠地输送到安装在室内不同场所的各个配水嘴、生产用水设备或消防用水设备等处，并满足用户对水量、水压和水质的要求。

1. 给水系统的类型

目前，我国绝大多数建筑内部给水系统，是根据给水用途进行系统划分和布置的。一般可分为表2-1所列出的三种类型。

给水系统的类型

表2-1

系统名称	用　　　　途
生活给水系统	供给建筑物内所有人员饮用、烹调、盥洗、洗涤、淋浴等方面用水
消防给水系统	供应用于扑灭火灾的消防用水
生产给水系统	供应工业企业车间各种生产设备、生产工艺过程等所需用水

对某一特定用途的建筑物而言，以上三种给水系统一般不是一应俱全。传统的建筑内部给水系统常常根据水量、水压、水质及安全方面的需要，结合室外给水系统的布局情况，组成不同的共用水系统。一般情况，当两种或两种以上用水的水质相近时，通常采用共用的给水系统。如生活与消防共用水系统、生活与生产共用水系统、生产与消防共用水系统、三合一共用水系统等。由于消防用水对水质没有特殊要求，又只是在发生火灾时才使用，所以民用建筑一般都采用生活与消防共用水系统。

2. 建筑给水系统的组成

建筑内部给水系统如图2-1所示，一般组成如下：

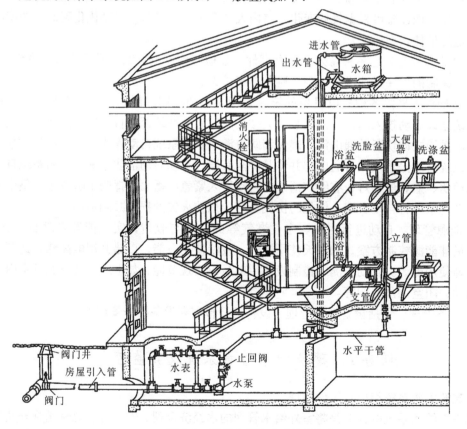

图2-1　建筑内部给水系统的组成

（1）引入管

室外给水管道与室内给水干管之间的管段称为引入管，又叫进户管，其作用是将水从室外给水管网引入室内给水系统。

（2）水表节点

水表节点是安装在引入管上的水表及其前后设置的阀门总称。水表用于计量建筑用水量；水表前后的阀门用于水表检修、拆换时关闭管路。

（3）给水管道

给水管道包括干管、立管和配水支管。干管将引入管送来的水转送到立管；立管将干管送来的水沿垂直方向输送到各楼层的配水支管；配水支管再将水输送到各个配水嘴或用水设备等处。

（4）给水附件

安装于给水管路上，用于调节水量、水压及关断水流的各类阀门。

（5）配水装置和用水设备

配水装置指各类卫生器具和用水设备的配水嘴；用水设备包括消防设备，即消防给水系统中的消火栓和自动喷水灭火装置。

（6）升压和贮水设备

升压设备主要指系统中设置的各类水泵、气压给水设备等；贮水设备主要指贮水池和水箱。

3. 常用建筑给水方式

建筑室内给水系统的给水方式根据用户对水质、水压和水量的要求，室外管网所能提供的水质、水量和水压情况，卫生器具及消防设备等用水点在建筑物内的分布以及用户对供水安全要求等条件来确定。常用室内给水系统给水方式如图 2-2 所示，主要有如下几种：

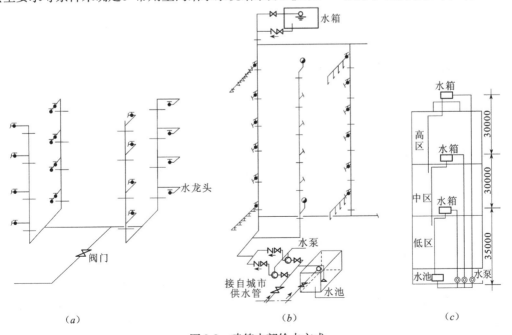

图 2-2 建筑内部给水方式

（a）直接给水方式；（b）水泵-水箱联合给水方式；（c）高层建筑分区给水方式

（1）直接给水方式

直接给水方式如图 2-2（a）所示，是水经由引入管、给水干管、给水立管和给水支管由下向上直接供到各用水或配水设备，中间无任何增压设备、储水设备，水的上行完全是在室外给水管网的压力下工作。这种供水方式的特点是构造简单、经济、维修方便，水质不易被二次污染，但这种供水方式对供水管网的水压要求较高，而且由于重力作用，不同楼层的出水水压也不同。该方式适用于低层或多层建筑。

（2）设置升压设备的给水方式

设置升压设备的给水方式目前应用最广的是水泵-水箱联合给水方式，见图 2-2（b）。水泵向高位水箱供水，水箱的水靠重力提供给下面楼层用水。水箱采用液位自动控制，可实现水泵启停自动化，即当水箱中水用完时，水泵启动供水；水箱充满后，水泵停止运行。这种方式供水可靠性高，但缺点是由于设置了储水池、水箱等设施，占用建筑面积且水质易被二次污染。

（3）分区供水的给水方式

高层建筑由于建筑层数多，给水系统必须进行竖向分区，由此避免建筑物下层的管道设施压力过高。图 2-2（c）所示为分区给水方式。

（4）变频调速恒压供水

从保障用水安全和降低管理成本角度看，物业实行水池（箱）转供水（即二次供水）的方式将被淘汰。目前的发展趋势是利用变频给水设备直接从市政供水管网中抽吸水，这种设备根据管网压力的变化自动控制变频器的输出频率，调节水泵电机的转速，使管网的压力恒定在设定的压力值上，无论用户用水量大与小，管网的压力始终保持恒定，这种供水方式称为恒压供水。变频调速恒压供水既节能又节约建筑面积，且供水水质好，具有明显的优点。但变频调速装置价格昂贵，且必须有可靠电源，否则停电即停水，给人们生活带来不便。

4. 建筑给水系统常用设备与设施

（1）常用给水管材及管件

常用给水管材一般有钢管、塑料管和复合管材等。由于钢管易锈蚀、结垢和滋生细菌，且寿命短（一般仅 8～12 年，而一般的塑料管寿命可达 50 年），因此，世界上不少发达国家早已规定在建筑中不准使用镀锌钢管，我国也开始逐渐用塑料或复合管取代钢管。塑料管具有化学性能稳定、耐腐蚀、重量轻、管内壁光滑、加工安装方便等优点，常用的塑料管材有硬聚氯乙烯（UPVC）管材、聚乙烯（PE）管材等。常用的复合管材有钢塑复合管材和铝塑复合管材，除具有塑料管的优点外，还有耐压强度好、耐热、可曲挠和美观等优点。

给水管道进行连接就必须采用各种管件，管件可用相应材料制作，要用相应的管材配合使用。常用的管件有三通、四通、弯头等。

（2）给水管道附件

给水管道附件是安装在管道及设备上的启闭和调节装置的总称。一般分为配水附件和控制附件两类。配水附件就是装在卫生器具及用水点的各式水嘴，用以调节和分配水流。控制附件用来调节水量、水压，关断水流，改变水流方向，给排水工程中常用的有球形阀、闸阀、止回阀、浮球阀及安全阀等。

（3）仪表设备

给水系统的主要仪表有计量水表、水泵出水管上的压力表、水位计等。

常用的水表为流速式，具备"三表"远传功能的现代化小区采用智能水表，由流量传感器等电子检测控制系统组成，与普通水表相比增加了信号发送系统，以便达到远传自动抄表功能。

（4）增压设备与储水设施

给水排水系统主要以水泵作为升压设备，并设置水池、水箱等储水设备。

1）水泵装置

在建筑室内给水系统中，一般采用离心式水泵。离心式水泵靠叶轮旋转产生的离心作用使水获得能量，从而压力升高，将水输送到需要的地点。见图 2-3。

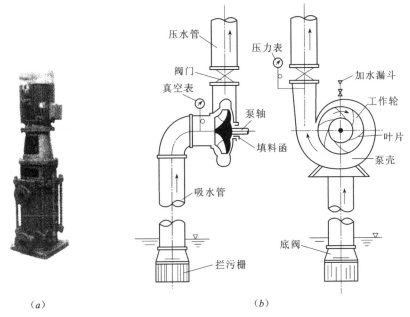

图 2-3　离心水泵及其构造
（a）立式离心泵；（b）离心水泵的构造

给水泵通常采用两台或两台以上水泵构成水泵机组，水泵机组一般设置在专门的水泵房内。很多情况下，水泵直接从管网抽水会使室外管网压力降低，影响对周围其他用户的正常供水，因此许多城市都对直接从管网抽水加以限制。当建筑内部水泵抽水量较大、不允许直接从室外管网抽水时，需要建造储水池，水泵从储水池中抽水。

2）水箱

水箱设在建筑的屋顶上，具有存储水量、调节用水量变化和稳定管网压力的作用。水箱一般用钢板、钢筋混凝土、玻璃钢等材料制作。目前常用玻璃钢制作组合式矩形水箱，施工和维护均便利。如图 2-4 所示。

二、建筑给水系统监控

为保证供水的可靠性，智能建筑必须采用加压供水的方式。而加压供水方式主要有两种，一种是设置升压设备的水泵—水箱联合给水方式，另一种是水泵变频调速恒压供水。

变频调速恒压供水设备多为成套产品，建筑设备自动化监控系统可以与其通信，所以本小节只对水泵—水箱联合给水系统监控进行分析。

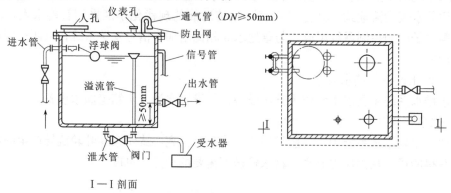

图 2-4　水箱构造示意图

1. 建筑给水工程图纸分析

设计前，先收集设计单位提供的给水排水专业图纸、设计说明等资料。以某建筑给水为例，其给水排水专业提供的给水系统图如图 2-5（a）所示。该系统属于设有水泵、水箱的给水方式，它以城市管网作为水源，经引入管由水泵加压后送至高位水箱，通过重力作用经配水管网给用户供水。为保证供水的连续性，高位水箱中应始终有水，但应防止向水箱的供水过量而引起溢出，因此水箱的液位应控制在一定的范围内。两台水泵可一用一备、自动轮换。

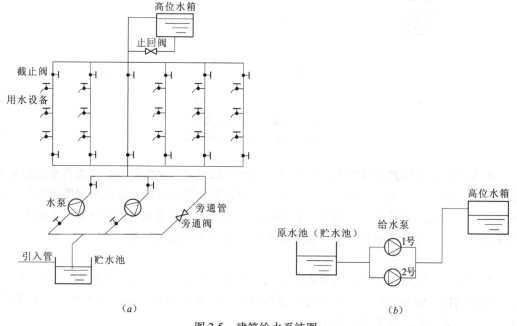

图 2-5　建筑给水系统图

经分析可知，建筑设备自动化系统监控的给水设备有：给水泵、高位水箱等。因此，可以将图 2-5（a）进一步抽象，图 2-5（b）即为抽象简化的结果。图 2-5（b）是建筑给水系统监控分析设计的基础，也是后面系统监控原理图绘制基础。

2. 依据相关规范，进行监控需求分析

监控系统应具备哪些功能，依据主要有业主的需求、工程招标书中规定及《智能建筑设计标准》GB/T 50314等相关标准。参见附表2，表2-2列出对给水系统的设备监控功能要求。

给水设备监控功能分级表   表2-2

设备名称	监控功能	甲级	乙级	丙级
给水系统	1. 水泵运行状态显示	√	√	√
	2. 水流状态显示	√	×	×
	3. 水泵启停控制	√	√	√
	4. 水泵过载报警	√	√	×
	5. 水箱高、低液位显示及报警	√	√	√

对给水系统监控功能设置思想如下：

（1）由高位水箱的水位决定水泵的启停

当水箱中水位达到停泵水位时，水泵停止向水箱供水；当水箱中的水被用到较低水位时，需要水泵再次启动向水箱供水。为此，在水箱内应设置水位传感器，向现场控制器DDC传送水位控制信号。

（2）水泵的常规监控

对水泵的常规监控主要有：水泵的启停控制、水泵运行状态（是否运行）的监测、水泵过载的报警监测、水泵工作模式（手动/自动）的监测。连接DDC的这些监控点引自水泵配电控制箱中的接触器、继电器等电器设备，具体接线图参见图2-10二次接线图。

此外，在管道上安装水流开关，通过监测管道的水流状态，从而监测水泵是否发生故障。如果水泵运转信号一切正常，但管道内无水流过，说明是水泵本身发生故障。

（3）高位水箱的水位监测

除去提供启动/停止水泵的水位信号外，高位水箱还要通过安装水位传感器设置极限高低水位报警信号，以防止溢流和储水量过少。

如果系统中还有地下蓄水池，对地下蓄水池的水位监控主要包括：监控高低水位报警信号，以防止溢流和储水量过少。

图2-6所示为建筑给水监控系统示意图。

3. 绘制建筑给水设备系统监控原理图

确定给水系统监控功能后，实现该功能采取的措施是：水箱水位监测采用水位开关；

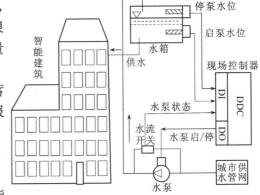

图2-6　建筑给水监控系统示意图

水泵的监控利用水泵控制箱内接触器、继电器触点作为监控信号传递；对于监测管道水流状态，采用水流开关。

典型建筑给水系统监控原理图如图2-7所示。图中给水系统主要监控设备有：

（1）水位开关 LT

安装在水箱上，当水位达到设定点时，发出信号送到 DDC 控制器，属开关输入量 DI。水箱设置 4 个水位点分别是溢流报警水位、停泵水位、启泵水位及超低报警水位。其中，溢流水位和低水位信号仅作为报警显示，对水泵无控制作用。

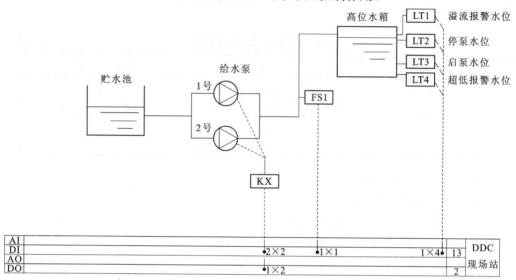

图 2-7　典型建筑给水系统监控原理图

（2）压差水流开关 FS

通过检测水泵两端水流压差，监测水泵是否出现故障，并将故障报警信号送到 DDC 控制器，属开关输入量 DI。

（3）水泵配电控制箱 KX

是水泵等动力设备的配电控制箱，两台给水泵一用一备，分别编号 1# 和 2#。将控制箱内接触器等触点信号引至 DDC，接线可参见图 2-10。其中检测水泵的运行状态和过载状态的 2 个监测点属开关输入量 DI，由 DDC 送出信号控制水泵启停的属开关输出量 DO。

（4）DDC 控制器

整个监控系统的核心。接收各检测设备的监测点信号，经过控制器运算，发出控制信号给水泵等执行装置。

现场控制器对每个水泵有 1DO、2DI 点位，现有两台水泵，故共计 2（即 1×2）个 DO，4（即 2×2）个 DI，这些点由水泵的配电控制箱接线端子引至 DDC；高位水箱有 4 个水位监测点，分别用 4 个水位开关（即 1×4）LT1 – LT4 接到 DDC 的 DI 接口；另外通过在管道安装水流开关 FS 检测水流状态，用以判断水泵实际运行情况。合计：9DI，2DO。

【注：水位开关与水位传感器、压差开关与压差传感器检测得到的信号分别是数字信号和模拟信号，对现场控制器来说，分别对应于 DI 和 AI 通道。水位开关的成本远低于可以直接测出水位的水位传感器，并且比水位传感器可靠耐用。本问题中不提倡选择昂贵的可连续输出的水位、压差传感器。】

4. 编制建筑给水设备系统监控点表

依据建筑给水系统监控原理图编制系统监控点表，其监控功能描述参见表 2-2。现场控制器DDC对该给水系统中的高位水箱和2台水泵进行了监控，合计9个DI点，2个DO点。其监控点功能描述及类型见表2-3。

典型建筑给水系统监控点表　　　　　　　　表2-3

序号	监控点描述	监控设备	监控点类型				DDC 接线端	备注
			AI	DI	AO	DO		
1	1#水泵运行状态显示	配电箱KX		√				
2	水流状态显示	水流开关FS1		√				
3	1#水泵启停控制	配电箱KX				√		
4	1#水泵过载报警	配电箱KX		√				
5	溢流报警水位	水位开关LT1		√				
6	水泵停泵水位	水位开关LT2		√				
7	水泵启泵水位	水位开关LT3		√				
8	超低报警水位	水位开关LT4		√				
9	2#水泵运行状态显示	配电箱KX		√				
10	2#水泵启停控制	配电箱KX				√		
11	2#水泵过载报警	配电箱KX		√				

5. 设备选型，给水监控系统的安装接线，硬件组态

由上述监控图分析可知，该给水监控系统需要4个水位开关、1个水流开关，以及至少具有9个DI点2个DO点接口的现场控制器DDC。实际工程中，DDC容量的选取是依据监控设备的总点数，多个系统可共用一台DDC。

典型DDC接线端口参见图1-9。

6. 给水监控系统的监控策略分析，软件组态

建筑给水监控系统硬件实施后，接下来是软件组态。由表2-3可见，分析系统监控点表，其控制输出点只有一种，即水泵的启/停控制，DO点，属于开关逻辑控制。本书分析使用软件参见单元1的1.4介绍。

（1）给水泵启/停控制

屋顶高位水箱的LT2、LT3传感器信号通过DI通道送入DDC，DDC经运算后，发出控制信号通过DO通道送至水泵配电控制箱，控制水泵的启/停：当水箱液位降低到启泵水位时，DDC发出启泵信号使水泵运行，将水由低位水池提升到高位水箱；当高位水箱液位升高至停泵水位时，DDC发出停止运行信号给水泵使之停止运行。

编制逻辑控制组态之前，先自行确定各个逻辑点的状态。典型的水泵启停运行逻辑控制组态界面如图2-8所示[4]。

（2）检测及报警

设置的报警点有：水箱液位达到溢流水位报警、达到超低水位报警，以及水泵过载报警。出水干管上设水流开关FS，水流状态信号通过DI通道送入DDC，以监视供水系统的运行状况。

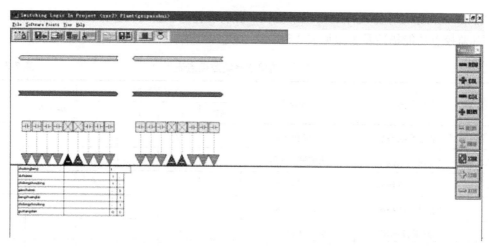

图 2-8 典型建筑给水系统水泵运行的开关逻辑

（3）设备运行时间累计、用电量累计

通过软件设置，对设备运行时间累计、用电量累计。累计运行时间为定时维修提供依据，并根据每台泵的运行时间，自动确定作为运行泵或是备用泵。

7. 系统调试

为方便设备管理，监控级计算机要具备友好的人机管理界面。图 2-9 所示为某大厦给水系统电脑监控界面，其监控功能操作如下：当水位达到上线溢流水位，则"溢流水位报警"显示红色；当水位达到下线最低水位，则"最低水位报警"显示红色；实时显示出当前水箱水位状况；对水泵启/停操作；显示水泵的运行状况，通常"运行状态"指示灯绿色为运行，红色为停止；当"故障状态"指示灯为红色时，表示该台水泵发生故障。

最后进行整体系统调试。至此，对给水系统的建筑设备监控系统实施工作基本结束。

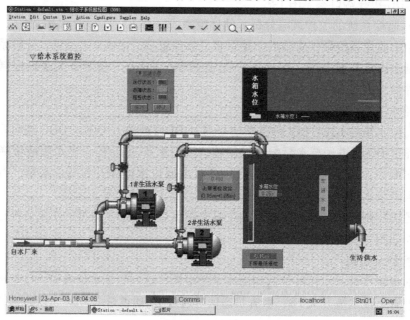

图 2-9 典型建筑给水系统监控电脑界面

三、电机类动力设备监控二次接线

在建筑设备中存在大量水泵、风机等电动机驱动的动力设备，DDC 控制器对这些设备的监控原理基本相同，其监控内容一般包括启停控制及状态监视、故障报警监视、手/自动控制状态监视等，其监控点一般都直接取自设备配电控制箱内电气控制线路接线端子。如图 2-10 所示为典型电气设备启/停监控点电气原理图。

以本节给水水泵为例。水泵作为建筑设备自动化系统的受控设备，是通过配电控制箱与现场控制器 DDC 的输入、输出接口实现通信的，控制箱二次接线图表达了这一连接的方法，如图 2-10 所示。下面对该图进行分析。

1. 转换开关对手动、自动、停止三档控制形式的选择

图 2-10 中的转换开关实现手动、自动、停止三档的选择。当转换开关转向"手动"档时，水泵的控制电路是一般的电气控制电路，此时水泵不受建筑设备自动化系统控制，而需通过手动按钮 SF 和 SS 实现对水泵的启动和停止操作。当转换开关转向"自动"档时，则水泵受建筑设备自动化系统监控，而手动按钮 SS、SF 的操作无效。当转换开关转向"停止"档时，则手动操作和自动化系统对水泵都不能控制。

下面就转换开关在"自动"档时建筑设备自动化系统对水泵的监控进行分析。

2. DDC 对水泵的监控点位

参见图 2-6。对于一台水泵，DDC 的监控点位有 3 个，即一路 DO 通道实现对水泵的启停控制，一路 DI 通道实现对水泵运行状态的监测，另一路 DI 通道实现对水泵故障状态的监测。

3. DDC 输出信号控制水泵启停

XT：11、XT：12 端子是中间继电器 KK 线圈回路上引出的接线端子，与 DDC 的一路 DO 端口相接，供现场控制器用作传输控制命令以控制水泵的启停。当 DDC 发出启动命令后，XT：11、XT：12 接通，中间继电器 KK 的线圈得电，KK 的常开触点闭合，使得交流接触器 KM 得电，则水泵的主回路和控制回路上的 KM 触点动作，水泵运行，运行指示灯亮。当 DDC 发出停止命令后，XT：11、XT：12 断开，中间继电器 KK 的线圈失电，KK 的常开触点重新断开，使得交流接触器 KM 失电，则水泵的主回路和控制回路上的 KM 触点动作，水泵停止运行，运行指示灯不亮。

4. 输入 DDC 信号监测水泵状态

XT：13、XT：14 是水泵主电路上交流接触器一个单独的辅助触点上引出的接线端子，与 DDC 的一路 DI 端口相接，供现场控制器监测水泵的运行状态。该路 DI 信号是一个无源信号。当水泵在运行时，则 KM 上的这一常闭触点必然断开；当水泵停止时，则该触点恢复常态，闭合。DDC 以此来判断水泵的运行状态。

XT：15、XT：16 是水泵主电路上热继电器一个单独的辅助触点上引出的接线端子，与 DDC 的另一路 DI 端口相接，供现场控制器监测水泵的过载故障状态。该路 DI 信号是一个无源信号。当水泵运行时，KH 上的这一常开触点保持断开；当水泵过载时，则热继电器动作，该触点闭合。DDC 以此来判断水泵的过载故障状态。

四、建筑排水系统组成及工作原理

建筑内部排水系统的作用，是收集建筑内部人们日常生活和工业生产中使用过的水，并及时通畅地排到室外，保证生活和生产的正常进行及满足室内环境保护的要求。

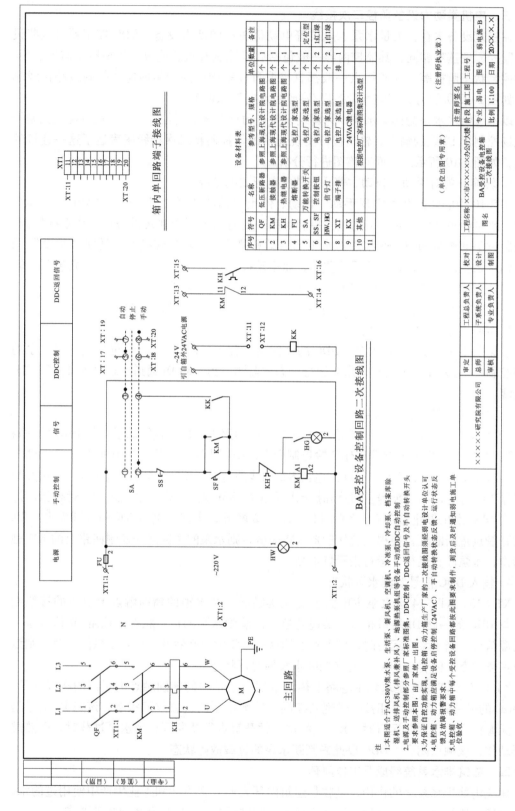

图2-10 建筑设备监控系统受控设备配电控制箱二次接线图

46

1. 排水系统分类

根据接纳污、废水的性质，建筑内部排水系统可分为表2-4所列出的三种类型。

排水系统的类型

表2-4

系统名称	用途	备注
生活排水系统	排除建筑内部的生活污水（即便溺污水）和生活废水（盥洗、洗涤等废水）	生活污水需经化粪池局部处理后才能排入城市排水管道，而生活废水则可直接排放
生产排水系统	排除工业生产过程中产生的生产污水和生产废水	污染较轻的生产废水（如冷却用水）可直接排放或经简单处理后重复利用；污染较重的生产污水，如冶金、化工等工业污水，因含有大量的有毒物质、酸碱物质等污染物，必须经处理后方可排放
屋面雨水排水系统	收集和排除建筑屋面的雨水和融雪水	

2. 建筑排水系统的组成

建筑内部排水系统如图2-11所示，一般组成如下：

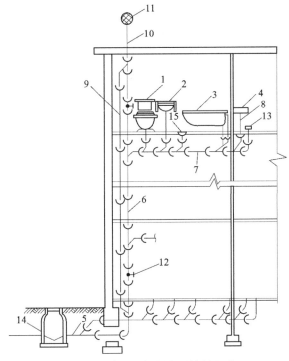

图 2-11　建筑内部排水系统的组成

1—大便器；2—洗脸盆；3—浴盆；4—洗涤盆；5—排水管；6—立管；7—横支管；8—支管；
9—专用通气立管；10—伸顶通排气管；11—网罩；12—检查口；
13—清扫口；14—检查井；15—地漏

（1）卫生器具

是建筑内部排水系统的起点，用以满足人们日常生活或生产过程中各种卫生要求，并收集和排出污废水的设备。

（2）排水管道

包括器具排水管、横支管、立管、埋地干管和排出管。

（3）通气管道

建筑内部排水系统是水气两相流动，当卫生器具排水时，需向排水管道内补给空气，以减小气压变化，使水流通畅，同时也需将排水管道内的有毒有害气体排放到屋顶上空的大气中去。

（4）清通设备

为疏通建筑内部排水管道，保障排水畅通，常需设检查口、清扫口、埋地横干管上的检查井等。

（5）抽升设备

工业与民用建筑的地下室、人防建筑物、地下铁道、立交桥等地下建筑物的污废水不能自流排至室外时，常需设水泵等抽升设备。

（6）污水局部处理构筑物

当建筑内部污水未经处理不能排入其他管道或市政排水管网时，需设污水局部处理构筑物，如化粪池、沉淀池、中和池等。

3. 室内排水方式

建筑内部排水方式分为分流制和合流制两种。

建筑内部分流排水是指居住建筑和公共建筑中的粪便污水和生活废水、工业建筑中的生产污水和生产废水各自由单独的排水管道系统排除。该方式适用于两种污水合流后会产生有毒有害气体情况、医院污水中含有大量致病菌或所含放射性元素超过标准时、公共饮食业厨房含有大量油脂的洗涤废水时、建筑中水系统需要收集原水时等等。

建筑内部合流排水是指建筑中两种或两种以上的污、废水合用一套排水管道系统排除。该体制适用于生产污水与生活污水性质相似时，城市有污水处理厂，生活废水不需回用时等等。

4. 建筑排水系统常用设备与设施

（1）排水管道材料

建筑内部排水管材主要就是排水铸铁管和硬聚氯乙烯管，常用于一般的生活污水、雨水和工业废水的排水管道。

（2）卫生器具

卫生器具主要指盥洗、沐浴卫生器具（包括洗脸盆、浴盆、淋浴器和盥洗槽等），以及便溺用卫生器具（包括大便器、小便器等）。

（3）排水附件

在排水系统的维护管理工作中，易引发问题的多为排水附件，如地漏和存水弯。

1）地漏

地漏的作用是排除室内地面上的积水，通常由铸铁或塑料制成。地漏应设置在室内的最低处，坡向地漏的坡度不小于0.01。

2）存水弯

存水弯由一段弯管构成，在排水过程中，弯管内总是存有一定量的水，称为水封，可防止排水管网中的臭气、异味串入室中。

五、建筑排水系统监控

没有地下室的建筑物，污废水依靠重力直接排放至地下市政排污管道，一般不需要设置排放设备。但高层建筑物一般都建有地下室，有的深入地面下2～3层或更深些，地下室的污水通常不能以重力排除，在此情况下，污水集中于污水集水坑（池），然后用排水泵将污水提升至室外排水管中。污水泵应为自动控制，保证排水完全。

建筑排水系统监控分析方法与给水类似，因此，本小节部分内容在教师指导下自行完成。

1. 建筑排水工程图纸分析

设计前，先收集设计单位提供的给水排水专业图纸、设计说明等资料。以某建筑排水为例，其给水排水专业提供的排水系统图如图2-12（a）所示。该系统排水泵采用潜水泵，属于设有潜水泵、污水集水坑的排水方式，集水坑内污水由水泵加压后送至市政污水管网。为防止污水过量而引起溢出，集水坑的液位应控制在一定的范围内。两台潜水泵一用一备、自动轮换。图2-12（b）为简化的排水系统运行图。

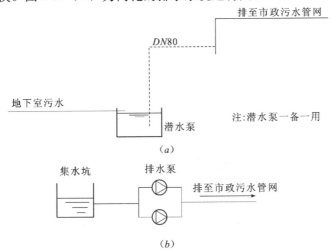

图2-12 建筑排水系统图
（a）建筑排水系统图；（b）建筑排水系统运行示意图

2. 依据相关规范，进行监控需求分析

参见附表2，查阅并列出建筑排水系统设备监控功能。

3. 绘制建筑排水设备系统监控原理图

建筑排水设备系统监控原理图如图2-13所示。图中主要监控设备有：

水位开关LT安装在污水集水坑上，3个水位点分别是停泵水位、启泵水位、溢流报警水位。

排（潜）水泵配电控制箱KX将控制箱内接触器等触点信号引至DDC，接线可参见图2-10。其中检测水泵的运行状态和过载状态的两个监测点属开关输入量DI，由DDC送出信号控制水泵启停的属开关输出量DO。

DDC控制器 整个监控系统的核心。接收各检测设备的监测点信号，经过控制器运算，发出控制信号给潜水泵等执行装置。

现场控制器对每个排水泵有1DO、2DI点位，现有2台排水泵，故共计2（即1×2）个DO，4（即2×2）个DI，这些点由水泵的配电控制箱接线端子引至DDC；集水坑有3个水位监测点，分别用3个水位开关（即1×3）LT1–LT3接到DDC的DI接口。合计：7DI，2DO。

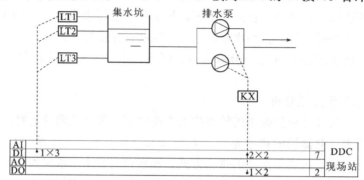

图2-13　典型建筑排水系统监控原理图

典型建筑排水系统电脑监控界面如图2-14所示。

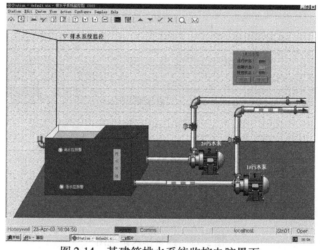

图2-14　某建筑排水系统监控电脑界面

【课堂练习】

参照表2-3形式，监控点功能描述参照附表2，做出图2-13建筑排水系统监控点表。

任务2　暖通空调系统及其监控

暖通空调是供暖、通风和空气调节系统的总称。在通风系统上加设一些空气处理设施，通过除尘系统，净化空气；通过加热或冷却、加湿或去湿，控制空气的温度或湿度，通风系统就成为冷暖空气调节系统，简称暖通空调系统。

建筑设备自动化系统建设的主要目的是为了降低建筑设备系统的运行能耗和减轻运行管理的劳动强度，提高设备运行管理的水平。在智能建筑中，暖通空调系统的耗电量通常占全楼总耗电量的50%以上，其监控点数量常常占全楼建筑设备自动化系统监控点总数的50%以上，通过监控实现对暖通空调系统的最优化控制。

一、暖通空调系统组成及工作原理

1. 衡量空气环境的主要指标

（1）温度

温度是衡量空气冷热程度的指标，通常以摄氏温度（℃）表示。人体舒适的室内温度冬季宜控制在 20～24℃，夏季控制在 22～27℃。

（2）湿度

湿度是指空气的潮湿程度，通常用相对湿度来表示，相对湿度是指单位容积空气中含有水蒸气的质量。湿度值越小，空气越干燥，吸收水蒸气的能力就越强。湿度值越大，表示空气越潮湿，吸收水蒸气的能力就越弱。通常令人舒适的相对湿度为 40%～60%。

（3）清洁度

空气的洁净度是指空气中的粉尘和有害物的浓度。在不易通风、人多的室内环境中，必须采用通风方式不断地以室外的新鲜空气来更换室内的污浊空气。

2. 暖通空调系统组成

大型建筑物中，因空调的冷、热媒是集中供应的，称之为集中式空调系统或中央空调系统。建筑物中央空调系统的组成分为两大部分：空气处理及输配系统、冷（热）源系统。如图 2-15 所示。

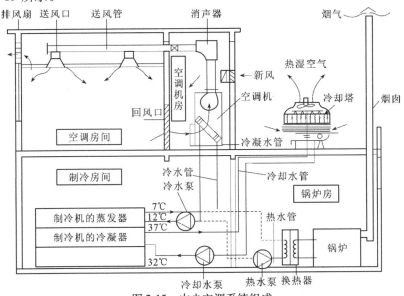

图 2-15　中央空调系统组成

空气处理及输配系统　是空调系统的核心，所用设备为空调机。它完成对混合空气（室外新鲜空气和部分返回的室内空气）的除尘、温度调节、湿度调节等工作，将空气处理设备处理好的空气，经风机、风道、风阀、风口等送至空调房间。

冷（热）源系统　空气处理设备处理空气，需要冷（热）源提供冷（热）媒，冷（热）媒与空气进行热交换，使空气变冷（热）。夏季降温时，使用冷源，一般是制冷机组。冬季加热时，使用热源，热源通常为热水锅炉或中央热水机组。

3. 暖通空调系统工作原理

参见图 2-15。如果是夏天使用冷源空调系统，需要以冷水（通常 7℃左右）进入空调处理机（或风机盘管），冷水进入风机盘管吸收空气中的热量，空气被冷却后送入室内。对于冷源请参见下一节，在此不多介绍。

空调系统通过循环方式把室内的热量带走，以维持室内温度于一定值。当循环空气通过空调处理机（或风机盘管）时，高温空气经过冷却盘管的铝金属先进行热交换，盘管的铝片吸收了空气中的热量，使空气温度降低，然后再将冷却后的循环空气吹入室内，如此周而复始，循环不断，把室内的热量带出。

如果冬天使用热源空调系统，需要以热水（通常32℃左右）进入空调处理机（或风机盘管），空气加热后送入室内。

室内空气经过处理后，相对湿度可能会减少，变得干燥。如果想增加湿度，可安装加湿器，进行喷水或喷蒸汽，对空气进行加湿处理，用这样的湿空气去补充室内水汽量的不足。

二、空气处理及输配系统

1. 空气处理系统

空气处理系统又称空气调节系统，简称空调系统。中央冷暖空调系统的空气处理设备主要有空调处理机、新风空调机、风机盘管、通风机等。集中式空气处理系统原理如图2-16所示。

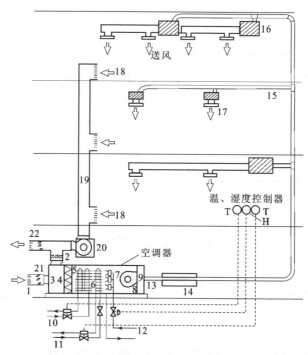

图2-16 集中式空气处理系统原理图

1—新风进口；2—回风进口；3—混合室；4—过滤器；5—空气冷却器；6—空气加热器；7—加湿器；8—风机；9—空气分配室；10—冷却介质进出；11—加热介质进出；12—加湿介质进出；13—主送风管；14—消声器；15—送风支管；16—消声器；17—空气分配器；18—回风；19—回风管；20—循环风机；21—调风门；22—排风口

一般空气处理系统包括以下几部分：

（1）进风部分

根据人体对空气新鲜度的要求，空调系统必须有一部分空气取自室外，常称新风。进风部分主要由新风机、进风口组成。

（2）空气过滤部分

由进风部分取入的新风，必须先经过一次过滤，以除去颗粒较大的尘埃。一般空调系统当采用粗效过滤器不能满足要求时，应设置中效过滤器。

（3）空气的热湿处理部分

将空气加热、冷却、加湿和减湿等不同的处理过程组合在一起统称为空调系统的热湿处理部分。

（4）空气的输送和分配部分

将处理好的空气均匀地输入和分配到空调房间内，由风机和不同形式的管道组成。

2. 空调系统常用设备与设施

空调系统常用设备设施如下。

（1）空气处理机

又称空气调节器，如图 2-17 所示。中央空调系统是将空气处理设备集中设置，组成空气处理机，空气处理的全过程在空气处理机内进行，然后通过空气输送管道和空气分配器送到各个房间。

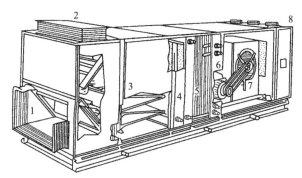

图 2-17　空气处理机

1、2—新风与回风进口；3—空气过滤器；4—空气加热器；5—空气冷却器；
6—空气加湿器；7—离心风机；8—空气分配室及送风管

（2）风机盘管

风机盘管式空调系统是在集中式空调的基础上，作为空调系统的末端装置，分散地装设在各个空调房间内，可独立地对空气进行处理，其结构如图 2-18 所示。风机盘管由风机、盘管和过滤器组成。

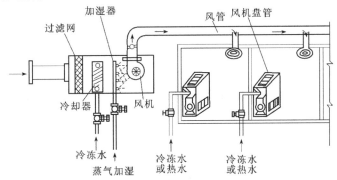

图 2-18　带有风机盘管的空调系统

（3）空气输送与分配设备

1）风管 常用的风管材料有薄钢板、铝合金板或镀锌薄钢板等，主要有矩形和圆形两种截面。

2）风机 风机是通风系统中为空气的流动提供动力以克服输送过程中的阻力损失的机械设备。在通风工程中应用最广泛的是离心风机和轴流风机，如图2-19所示。离心式风机的叶轮在电动机带动下随机轴一起高速旋转，叶片间的气体在离心力作用下由径向甩出，同时在叶轮的吸气口形成真空，外界气体在大气压力作用下被吸入叶轮内，以补充排出的气体，由叶轮甩出的气体进入机壳后被压向风道，如此源源不断地将气体输送到需要的场所。轴流式风机叶轮与螺旋桨相似，当电动机带动它旋转时，空气产生一种推力，促使空气沿轴向流入圆筒形外壳，并沿机轴平行方向排出。

离心式风机常用在管道式通风系统中，中央空调系统即采用离心式风机。而轴流式风机因产生的风压较小，很适合无需设置管道的场合以及管道阻力较小的通风系统，如地下室或食堂简易的散热设备。

3）风口 一般有线形、面形送风分配器。

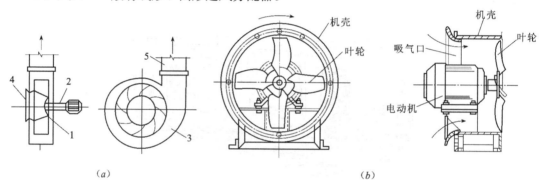

图 2-19 常用通风机类型

（a）离心风机结构示意图；（b）轴流式风机结构示意图

1—叶轮；2—机轴；3—机壳；4—吸气口；5—排气口

三、冷（热）源系统

空调系统工作所需的冷量和热量是由冷源和热源提供的。冷源设备包括制冷机、冷冻水系统和冷却水系统；热源设备包括锅炉机组（城市热网）、热交换器等，可作为空调、采暖、生活热水的供应设备。参见图2-15所示。

1. 冷源系统

用来制冷的设备通常称为制冷机。根据制冷设备所使用的能源类型，空调系统中常用制冷机分为压缩式、吸收式和蓄冰制冷。在此仅介绍压缩式制冷。

（1）压缩式制冷机组

压缩式制冷机利用"液体气化时要吸收热量"这一物理特性方式制冷，它由压缩机、冷凝器、节流阀、蒸发器等主要部件组成，构成一个封闭的循环系统，如图2-20所示。其工作过程如下：

压缩机将蒸发器内所产生的低压低温的制冷剂（如氟利昂R22、R123等）气体吸入汽缸内，经压缩后成为高压、高温的气体被排至冷凝器。在冷凝器内，高温高压的制冷剂与冷却水（或空气）进行热交换，把热量传给冷却水而使本身由气体凝结为液体。高压的液体再经膨胀阀节流降压后进入蒸发器。在蒸发器内，低压的制冷剂液体的状态是很不稳定的，立即进行汽化并吸收蒸发器水箱中水的热量，从而使冷冻水的回水重新得到冷却，蒸发器所产生的制冷剂气体又被压缩机吸走。这样制冷剂在系统中要经过压缩、冷凝、节流和汽化四个过程才完成一个制冷循环。

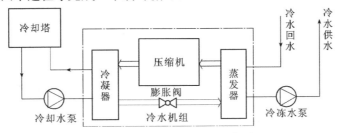

图 2-20　压缩式制冷原理示意图

把整个制冷系统中的压缩机、冷凝器、蒸发器、节流阀等设备，以及电气控制设备组装在一起，称为冷水机组，主要为空调机和风机盘管等末端设备提供冷冻水。图 2-21 所示为离心式冷水机组示意图。

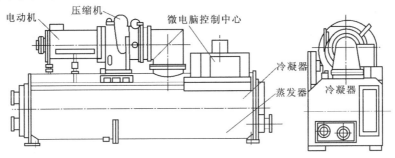

图 2-21　离心式冷水机组

（2）冷冻水系统

冷冻水系统负责将制冷装置制备的冷冻水输送到空气处理设备，通常是指向用户供应冷、热量的空调水管系统，其作用是将风管道空气制冷。冷冻水系统一般由水泵、膨胀水箱、集水器、分水器、供回水管道等组成。见图 2-15，经由蒸发器的低温冷冻水（7℃左右）送入空气处理设备，吸收了空气热量的冷冻水升温（12℃左右），再送到蒸发器循环使用，水循环系统靠冷冻水泵加压。

冷冻水系统的特点是系统中的水是封闭在管路中循环流动，与外界空气接触少，可减缓对管道的腐蚀，为了使水在温度变化时有体积膨胀的余地，闭式系统均需在系统的最高点设置膨胀水箱，膨胀水箱的膨胀管一般接至水泵的入口处，也有接在集水器或回水主管上的。为了保证水量平衡，在总送水管和总回水管之间设置有自动调节装置，一旦供水量减少而管内压差增加，使一部分冷水直接流至总回水管内，保证制冷装置和水泵的正常运转。

（3）冷却水系统

冷却水系统是水冷制冷机组必须设置的系统，作用是用温度较低的水（冷却水）吸收制冷剂冷凝时放出的热量，并将热量释放到室外。冷却水系统一般由水泵、冷却塔、供回水管道等组成。见图2-15，经由冷凝器的升温的冷却水（37℃左右）通过管道送入冷却塔，使其冷却降温（32℃左右），再送到冷凝器循环使用，水循环系统靠冷却水泵加压。

冷却塔的作用是将室外空气与冷却水强制接触，使水散热降温。典型的逆流式圆形冷却塔（简称逆流塔）如图2-22所示。它主要由外壳、轴流式风机、布水器、填料层、集水盘、进风百叶等组成，冷却水通过旋转的布水器均匀地喷洒在填料上，并沿着填料自上而下流落；同时，被风机抽吸的空气从进风百叶进入冷却塔，并经填料层由下向上流动，当冷却水与空气接触时，即发生热湿交换，使冷却水降温。

图2-22　常见的逆流式冷却塔构造

图2-23所示是一典型的采用压缩式制冷的冷源系统（冷冻站）。图中共有3台冷水机组，系统根据建筑冷负荷的情况选择运行台数。冷水机组的左侧是冷却水系统，有3台冷却塔及相应的冷却水泵及管道系统，负责向冷水机组的冷凝器提供冷却水。机组右侧是冷冻水系统，由冷冻水循环泵、集水器、分水器、管道系统等组成，负责把冷水机组的蒸发器提供的冷量通过冷冻水输送到各类冷水用户（如空调机和冷水盘管）。

冷水机组开启时，必须首先开启冷却水和冷冻水系统的阀门、风机和水泵，保证冷凝器和蒸发器中有一定的水量流过，冷水机组才能启动。否则，会造成制冷机高压超高、低压过低，直接引起电动机过流，易造成对机组的损害。冷水机组都随机携带有水流开关，水流开关的电气接线要串联在制冷机启动回路上，当水流达到一定流速值时，水流开关吸合，制冷机才能被启动，这样就起到了冷水机组自身的流量保护作用。

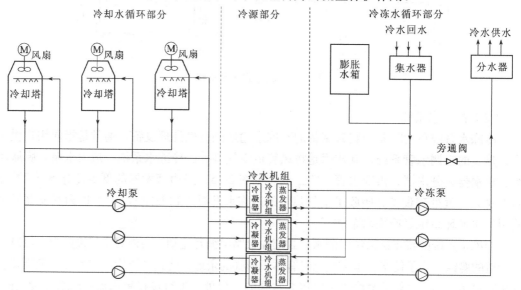

图2-23　采用压缩式制冷系统的冷冻站运行原理

2. 热源系统

空调系统中的热源主要有蒸汽和热水两种。热水在使用安全方面比蒸汽优越，与空调冷水的性质基本相同，传热比较稳定。常用热源装置有锅炉和热交换器。

（1）锅炉

热水供应系统和热水供暖系统的主要热源设备是锅炉。由于环保要求，很多城市已不允许使用燃煤锅炉，而采用燃油燃气锅炉。为保证锅炉的正常工作和安全，还必须装设安全阀、水位报警器、压力表、止回阀等。

（2）热交换器

空调系统终端热媒通常是 65 ~ 70℃ 的热水，当水温超过 70℃ 时结垢现象较为明显，而锅炉提供的是 90 ~ 95℃ 高温热水，需要把高温热水转换成空调热水，这种转换装置称为热交换器或换热器。热交换器的类型主要有列管式、螺旋板式及板式换热器。板式换热器是近年来大量使用的一种高效换热器，其结构如图 2-24 所示。板式换热器是由一系列具有一定波纹形状的金属片叠装而成的一种新型高效换热器，各种板片之间形成薄矩形通道，板式换热器的高、低温两种液体是互不流通的，它们有各自的循环管道，通过板片进行热量交换。

空调系统中的热源（如高温蒸汽或高温热水）先经过热交换器变成空调热水，经热水泵（有的系统与冷冻水泵合用）加压后经分水器送到各终端负载中，在各负载中进行热湿处理后，水温下降，水温下降后的空调水回流，经集水器进入热交换器再加热，依次循环。

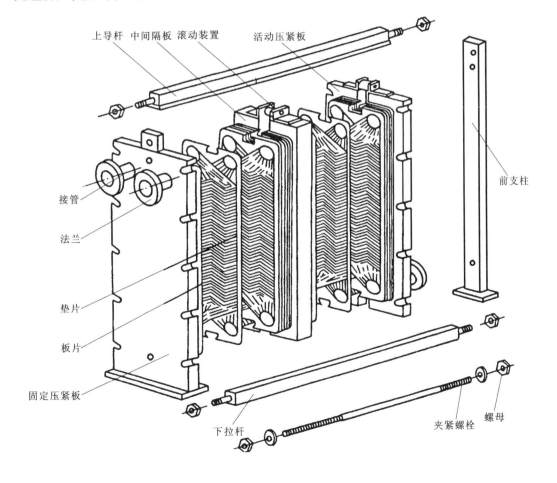

图 2-24　板式换热器结构

四、暖通空调系统监控

1. 暖通空调工程图纸分析

设计前，先收集设计单位提供的暖通空调专业图纸、设计说明等资料。以图 2-23 制冷空调系统为例，该冷冻站由冷水机组、冷却水系统、冷冻水系统等组成，共有 3 台冷水机组、3 台冷冻水泵、3 台冷却水泵、3 个冷却塔等，系统根据建筑冷负荷的情况选择运行台数。

2. 依据相关规范，进行监控需求分析

监控系统应具备哪些功能，依据主要有业主的需求、工程招标书中规定及《智能建筑设计标准》GB/T 50314 等相关标准。参见附表 2，列出对暖通空调系统的设备监控功能。

对暖通空调系统监控功能设置思想如下：

（1）空气的温、湿度调节及风量控制

空气温度调节采用电动冷水阀（热水阀）调节盘管内冷冻水或热水的流量，通过改变制冷（加热）量来改变送风温度。同样，空气湿度调节通过加湿调节阀，风量调节通过风门调节。空气的温、湿度及风量调节是随设定值的连续调节，向现场控制器 DDC 传送的是模拟量控制信号。

（2）电动机类设备的常规监控

暖通空调系统中电动机类设备包括冷水机组、水泵、冷却塔风机等，对这些设备的常规监控主要有：启停控制、运行状态监测、过载报警监测、工作模式（手动/自动）的监测。

（3）各类参量的监测及报警

空气调节系统中对空气温度、湿度、压力监测，压差检测及报警；冷热源系统中对水的温度、压力、流量等参量的监测。

3. 绘制空气处理系统监控原理图，编制系统监控点表

暖通空调设备系统庞大，要按实际设备系统不同对待，在此仅就典型设备系统监控举例。

（1）空气处理系统监控

空气处理系统的空调机组监控示意图如图 2-25 所示。图中主要监控设备有：

1）风管式温（T1）、湿度传感器。用于新风、回风、送风管道中空气温、湿度检测。

2）电动调节水阀 V1（二通阀）。用于冷水、热水、加湿阀门控制，以调节空气的温、湿度。

3）风门驱动器 D1。用于通风管道风阀驱动，以调节通风量。

4）气流压差开关 DP1。检测管道空气压差，以判断过滤器是否堵塞。

5）风机配电控制箱。控制风机启停及监测其运行状态，接线可参见图 2-10。

6）DDC 控制器。上述各监测信号，依据模拟输入量（AI）或数字输入量（DI）送入 DDC 控制器，DDC 再将控制信号以模拟输出（AO）或数字输出（DO）分别送到相应执行装置。

绘制空气处理系统监控原埋图如图 2-26 所示。

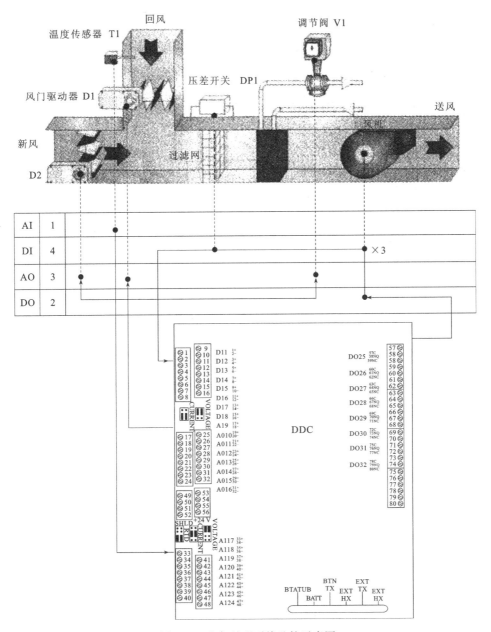

图 2-25　空气处理系统监控示意图

（2）风机盘管监控

风机盘管监控原理图如图 2-27 所示。监控功能参见附表 2。

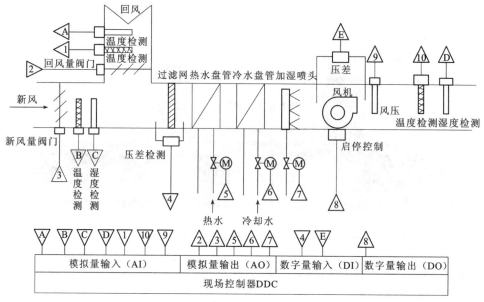

图 2-26　空气处理系统监控原理图

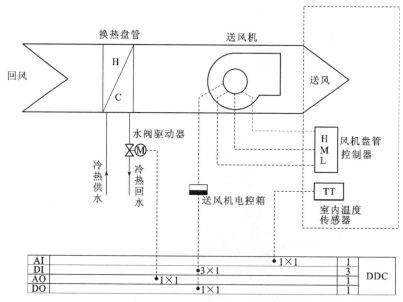

图 2-27　风机盘管监控原理图

【课堂练习】

1. 参照表2-3形式，监控点功能描述参照附表2，做出图2-26空调系统监控点表。

2. 参照表2-3形式，监控点功能描述参照附表2，做出图2-27风机盘管监控点表。

4. 绘制冷热源系统监控原理图，编制系统监控点表

（1）冷源系统监控

以典型的压缩式制冷系统图2-23为例，其监控原理图如图2-28所示。图中主要监控

设备有：

1）液位开关 LT。用于冷却塔、膨胀水箱高、低水位监测。

2）电动蝶阀。冷却水、冷冻水管道阀门控制。

3）温度传感器 TT。用于冷却水、冷冻水供回水温度检测。

4）流量传感器 FT。冷冻水流量检测，用于计算冷负荷。

5）压差传感器 Pdt。检测冷冻水供回水压差。

6）电动调节阀。依据压差传感器 Pdt 的检测，进行冷冻水旁通阀压差调节。

7）水流开关 FS。检测冷却水、冷冻水管道流量，用以设定系统启停控制程序。

8）配电控制箱。控制冷却塔风机、冷却泵、冷水机组、冷冻泵启停及监测其运行状态，接线可参见图 2-10（电气图）。

9）DDC 控制器。上述各监测信号，依据模拟输入量（AI）或数字输入量（DI）送入 DDC 控制器，DDC 再将控制信号以模拟输出（AO）或数字输出（DO）分别送到相应执行装置。

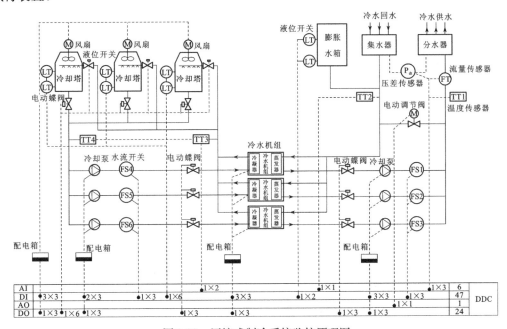

图 2-28　压缩式制冷系统监控原理图

（2）热源系统监控

在民用建筑中，锅炉机组同冷水机组一样，其内部设备的控制一般由自带控制器完成，而不由楼宇自控系统直接控制。但楼宇自控系统可以通过通信接口控制机组的启/停及调节部分控制参数。同时，也可通过接口监视一些重要的运行参数。具体可控参数的多少需要楼宇自控系统承包商与锅炉机组生产商进行协调，取决于厂商开放数据的多少。

典型的建筑物热源系统监控原理图如图 2-29 所示，该系统包括热源、热交换器及热水循环三部分。由于锅炉机组的监控不受建筑设备自动化系统控制，故图左侧的热源部分没有画出锅炉机组，热交换器一端与锅炉机组的蒸汽/热水回路或城市热网相连，另一端与热水循环回路相连。热水循环系统的工作原理和监控内容与冷水机组冷冻水循环系统完全相同，所不同的只是冷水机组系统的冷冻水系统是与冷水机组的蒸发器发生热交换，被吸取热量；而锅炉系统的热水循环是与热交换器的蒸汽/热水回路发生热交换，吸取热量。也有许多工程热水循环侧不存在集水器与分水器，各台热交换器分区供热，在这种情况下需要对各回路分别进行控制。

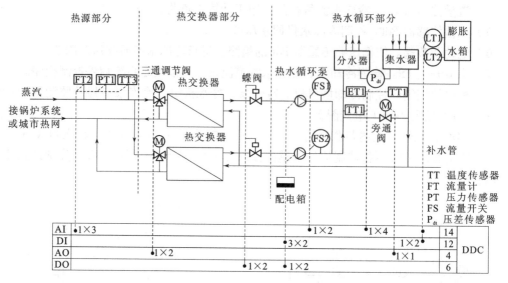

图 2-29 典型热源系统监控原理图

【课堂练习】

1. 参照表 2-3 形式，监控点功能描述参照附表 2，做出图 2-28 制冷系统监控点表。

2. 参照表 2-3 形式，监控点功能描述参照附表 2，做出图 2-29 热源系统监控点表。

5. 设备选型，冷热源系统监控设备的安装接线，硬件连接

依据上述图纸及监控点表，选择传感器、执行器及现场控制器 DDC，其具体安装及接线方式参考单元 1 的基础知识 3，导线选择及敷设方式参考单元 2 的任务 4。

6. 暖通空调系统的监控策略分析，软件组态

分析附表 2 暖通空调系统监控功能表，以及对暖通空调监控原理图分析，其控制输出点是建筑设备系统监控最多最复杂的，既包括水泵、风机等电动机类设备的启/停控制 DO 点，也含有电动水阀门、电动风门调节等 AO 点。以压缩式制冷空调系统为例，其控制调节功能如下：

（1）机组的启/停顺序控制

冷源系统工艺复杂、设备多，其启/停通常按照事先编制的时间假日程序控制。为保证整个系统安全运行，每次启/停需按照一定的逻辑顺序控制各设备，如图 2-30 所示。当需要启动冷水机组时，一般首先启动冷却塔，其次启动冷却水循环系统，然后是冷冻水循环系统的启动，当确定冷冻水、冷却水循环系统均已启动后，方可启动冷水机组。当需要停止冷水机组时，停止的顺序与启动顺序正好相反，一般首先停止冷水机组，然后是冷冻水循环系统、冷却水循环系统，最后是冷却塔。这些功能都需要通过建筑设备自动化系统软件组态来实现。

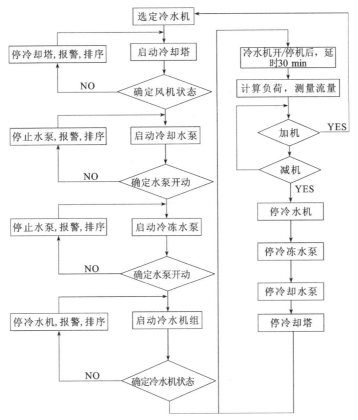

图 2-30　多台冷水机组启/停控制流程图

（2）冷水机组运行台数控制、运行时间及启动次数记录

对冷源或者热源，其冷热负荷 $Q = cM \cdot (T_1 - T_2)$，c 为比热，M 为总管流量，T_1、T_2 分别是供、回水总管上的温度。因此，为使设备容量与变化的负荷相匹配以节约能源，根据计算的负荷，决定开启冷冻机的数量。

冷冻水供/回水温度及流量测取见图 2-31 所示。分水器侧温度的测取位置既可位于旁通回路前端，也可位于旁通回路后端，测取位置的改变不会影响测量值，即图 2-31（a）、（b）所示的测量位置是正确的，根据这三个值可以准确地计算出冷水机组的输出冷量。而集水器侧温度和流量的测取点理论上都应位于旁通回路的前端，如图 2-31（c）、（d）所示的测量位置是错误的。

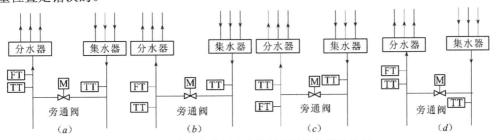

图 2-31　冷冻水供回水总管温度及流量测取位置

为了延长机组设备的使用寿命，需记录各机组设备的运行累计小时数及启动次数，通常要求各机组设备的运行累计小时数及启动次数尽可能相同，每次初启动系统时，都应优先启动累计运行小时数最少的设备。为此，建筑设备自动化系统应对每台机组设备进行运行时间和启动次数记录，以供逻辑判断。

（3）冷、热水流量调节，加湿控制调节等PID控制策略

送风温度的控制是通过调节热交换盘管的二通电动调节水阀的开度，调节换热器的换热量，以使送风温度与设定值一致。工程中一般根据送风温度与设定温度的差值对水阀开度进行PID（比例、积分、微分）控制。现场控制器DDC根据检测得到的送风温度与设定温度比较得一差值，经过PID运算，DDC通过1路AO通道调节安装在冷（热）水管道上的电动调节水阀的开度，调节换热器的换热量，使送风温度与设定值一致。典型的冷水阀PID调节送风温度的软件组态见图2-32所示

送风的湿度控制是采用干蒸气加湿器进行加湿。湿度传感器检测到送风湿度实际值，与控制器设定的湿度比较，经PID计算后，输出相应的模拟信号（1路AO），控制加湿电动调节阀的开度，使实测湿度达到设定湿度。如果加湿设备使用电加湿器，则控制变为数字信号（1路DO），控制加湿器启/停。

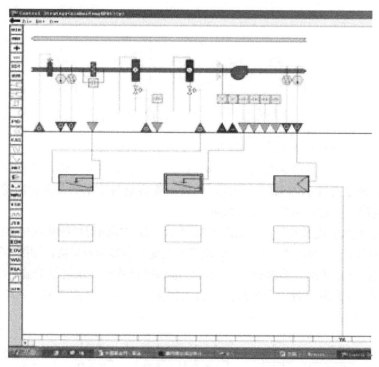

图2-32　典型冷水阀调节送风温度控制策略

（4）风门控制

新、回风比即混合空气中新、回风的比例。在空调机组中，为了调节新回风比，对新风、排风、回风3个风门都要进行单独的连续调节。增大新风比例可以提高室内空气的品质和舒适度，而提高回风比例可以起到节能效果，因此在控制新、回风比例时需要兼顾舒适度与节能两个因素进行综合考虑。在空气处理机工作时，一般不允许新风

门全关，需要设定最小新风门开度，最小新风门开度一般为 10% ~ 15% 左右。对空调机组中的新风门和回风门的开度控制，工程中常采用 PID 控制策略。通过回风温度与设定温度的差值对新风门开度进行 PID 控制，通过改变 PID 参数，可以调整此控制策略的节能、舒适倾向。

（5）冷冻水旁通阀压差控制

冷冻水系统根据冷冻水供/回水总管的压力差可以控制旁通阀开度，以使冷冻水供/回水总管压差保持恒定，并且基本保持冷冻水泵及冷水机组的水量不变，起到节能和延长设备寿命的效果。方法是：由压差传感器 P_{dt} 检测冷冻水供水管网中分水器与回水管网中集水器之间的压差，由 1 路 AI 信号送入现场控制器与设定值比较后，现场控制器送出 1 路 AO 控制信号，调节位于分水器与集水器之间的旁通管上电动调节阀的开度，实现供水与回水之间的旁通。

（6）冷冻水温度再设定

冷冻水温度设定值随室外环境温度变化可通过软件自动进行修正，这样既可避免由于室内外温差悬殊而导致的冷热冲击，又可达到显著的节能效果。

典型的制冷空调系统监控电脑界面如图 2-33 ~ 图 2-35 所示。

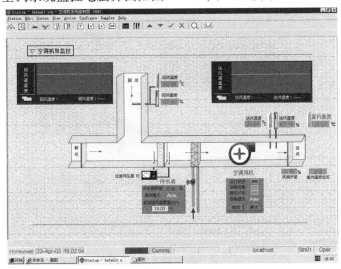

图 2-33　某建筑空气调节系统监控电脑界面

图 2-33 所示某大厦空调系统电脑监控界面，其监控功能操作如下：在送回风温湿度检测处实时显示该处温度、湿度值；当过滤网发生堵塞，则设置的压差开关动作，发出报警信号；通过设定送风温度，调节冷水阀（二通阀）开启度；显示空调风机的运行状态，显示送风阀门的开启度。

图 2-34 所示某大厦空调制冷冷冻水系统电脑监控界面，其监控功能操作如下：实时显示供回水温度、流量及压差；实时显示冷冻水泵运行状态；实时显示冷水机组运行状态等。

图 2-35 所示某大厦冷却水系统电脑监控界面，其监控功能操作如下：实时显示供回水温度、流量；实时显示冷却水泵运行状态；实时显示冷却塔风机运行状态，冷却塔高低极限水位报警等。

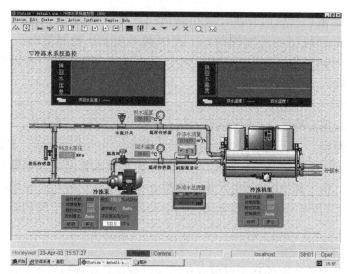

图 2-34 某建筑空调冷冻水系统监控电脑界面

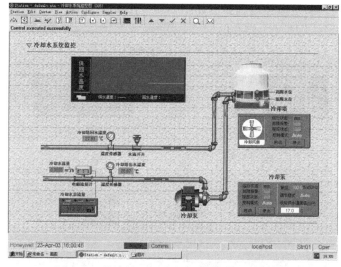

图 2-35 某建筑空调冷却水系统监控电脑界面

任务 3 其他建筑设备系统及其监控

建筑设备自动化系统除对给水排水、暖通空调设备进行监控外，还可实现对楼宇中供配电设备、建筑照明设备与电梯设备的监控。供配电系统的监控对保障智能建筑的安全、可靠运行具有重要意义；建筑照明系统与电梯系统的监控不仅可实现自动控制，而且还能达到节能的效果。

一、建筑供配电系统及其监控

1. 建筑供配电系统组成

（1）智能建筑供电要求

电力系统是把各类型发电厂、变电所和用户连接起来组成的一个发电、输电、变电、配电和用户的整体，其主要目的是把发电厂的电力供给用户使用。电力系统示意图如图 2-36 所示。

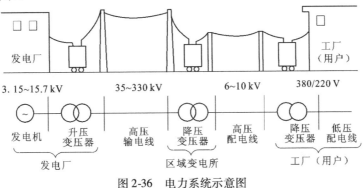

图 2-36 电力系统示意图

按照现行《民用建筑电气设计规范》JGJ/T16 对供电负荷分三个等级：一级负荷必须保证任何时候都不间断供电（如重要的交通枢纽、国家级场馆等），应有两个独立电源供电；二级负荷允许短时间断电，采用双回路供电，即有两条线路一备一用，一般生活小区、民用住宅为二级负荷；凡不属于一级和二级负荷的一般电力负荷均为三级负荷，三级负荷无特殊要求，一般为单回路供电，但在可能的情况下，也应尽力提高供电的可靠性。

智能建筑应属二级及以上供电负荷，采用两路电源供电，两个电源可双重切换，将消防用电等重要负荷单独分出，集中一段母线供电，备用发电机组对此段母线提供备用电源。常用的供电方案如图 2-37 所示。

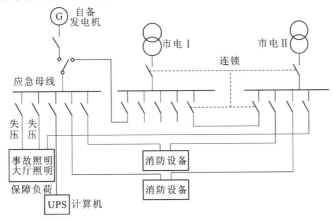

图 2-37 智能建筑常用供电方案

这种供电方案的特点为：正常情况下，楼内所有用电设备为两路市电同时供电，末端自切，应急母线的电源由其中一路市电供给。当两路市电中失去一路时，可以通过两路市电中间的连锁开关合闸，恢复设备的供电；当两路市电全部失去时，自动启动发电机组，应急母线由机组供电，保证消防设备等重要负荷的供电。

（2）建筑供配电系统组成

建筑（或建筑群）供配电系统是指从高压电网引入电源，到各用户的所有电气设备、配电线路的组合。变配电室是建筑供配电系统的枢纽，它担负着接受电能、变换电压、分配电能的任务。典型的户内型变配电室平面布置如图 2-38 所示。

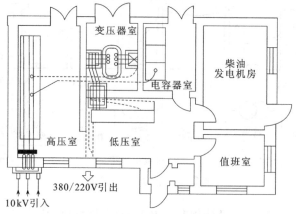

图 2-38　户内型变配电室平面布置

变配电室由高压配电、变压器、低压配电和自备发电机 4 部分组成。为了集中控制和统一管理供配电系统，常把整个系统中的开关、计量、保护和信号等设备，分路集中布置在一起。于是，在低压系统中，就形成各种配电盘或低压配电柜；在高压系统中，就形成各种高压配电柜。

变配电室的位置在其配电范围内布置在接近电源侧，并位于或接近于用电负荷中心，保证进出线路顺直、方便、最短。高层建筑的变配电室宜设在该建筑物的地下室或首层通风散热条件较好的位置，配电室应具有相应的防火技术措施。

变配电室主要电气设备：

1）高压配电柜

主要安装有高压开关电器、保护设备、监测仪表和母线、绝缘子等。

2）变压器

供配电系统中使用的变压器称为电力变压器，常见的有环氧树脂干式变压器及油浸式变压器。建筑物配电室多使用干式变压器。

3）低压配电柜

常用的低压配电柜分固定式和抽屉式两种。其中，主要安装有低压开关电器、保护电器、监测仪表等，在低压配电系统中作控制、保护和计量之用。

4）自备发电机组

2. 建筑供配电系统的监控

供配电系统是大厦的动力供电系统，如果没有供配电系统，大厦内的空调系统、给水排水系统、照明与动力系统、电梯系统、甚至于消防、防盗保安系统都无法工作，成为一堆废物。因此，供配电系统是智能大楼的命脉，电力设备的监视和管理是至关重要的，正因为如此，设备中央控制室管理人员没有权限去合分供配电线路，智能化系统只能监视设备运行状态，而不能控制线路开关设备。简单地说，就是对供配电系统施行的是"只监不控"。

附表 2 列出的供配电设备智能化监控系统主要功能如下：

（1）监视电气设备运行状态

包括高、低压进线主开关分合状态及故障状态监测；柴油发电机切换开关状态与故障报警。

（2）对用电参数测量及用电量统计

高压进线三相电流、电压、功率及功率因数等监测；主要低压配电出线三相电流、电压、功率及功率因数等监测；油冷变压器油温及油位监测；柴油发电机组油箱油位监测。这些参数测量值通过计算机软件绘制用电负荷曲线，如日负荷、年负荷曲线，并且实现自动抄表、输出用户电费单据等。

图2-39所示为低压供配电监控系统原理图。由于系统只监不控，所以只有监视点AI和DI，而没有控制点。控制器通过接收电压变送器、电流变送器、功率因数变送器自动检测线路电压、电流和功率因素等参数，实时显示相应的电压、电流等数值，并可检测电压、电流，累计用电量等。图2-40所示为DDC与变送器测量接线示意图。

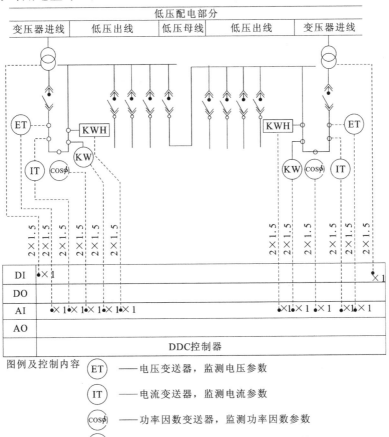

图2-39　供配电监控系统原理图

供配电系统主要监视设备有：

1）电压变送器。监测电压参数。

2）电流变送器。监测电流参数。

3）功率因数变送器。监测功率因数参数。

4）有功功率变送器。监测有功功率参数。

5）有功电度变送器。监测有功电度参数，即电量计量。

6）DDC 控制器。整个监控系统的核心。接收各检测设备的监测点信号。

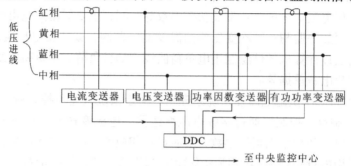

图 2-40　DDC 与变送器测量接线示意图

图 2-41 所示为某大厦供配电系统电脑监控界面，其监视功能主要是低压回路电压、电流、功率因数等的实时显示。

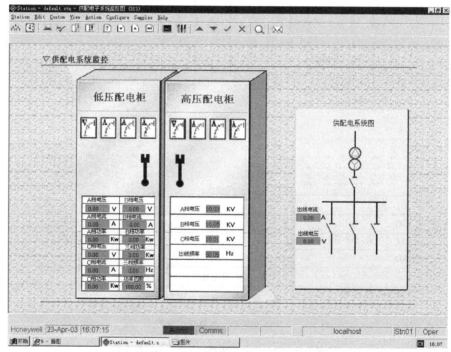

图 2-41　某建筑供配电电脑监控界面

【课堂练习】

参照表 2-3 形式，监控点功能描述参照附表 2，做出图 2-39 供配电系统监控点表。

二、建筑照明系统及其监控

电气照明系统是建筑物的重要组成部分之一，其基本功能是保证安全生产、提高劳动效率、保护视看者视力和创造一个良好的人工视觉环境。一般分有工作照明、局部照明、应急照明、景观照明等。照明装置主要指灯具，照明电气设备包括电光源、照明开关、照明线路及照明配电箱等。

1. 照明系统控制方式

楼宇照明设备的控制有以下几种典型控制模式。

（1）时间表控制模式

这是楼宇照明控制中最常用的控制模式，工作人员预先在上位机编制运行时间表，并下载至控制器，控制器根据时间表对相应照明设备进行启/停控制。

（2）情景切换控制模式

工作人员预先编写好几种常用场合下的照明方式，并下载至控制器，控制器读取现场场景切换按钮状态或远程系统情景设置，并根据读入信号切换至对应的照明模式。

（3）动态控制模式

这种模式往往和一些传感器设备配合使用。如根据照度自动调节的照明系统中需要有照度传感器，控制器根据照度反馈自动控制相应区域照明系统的启/停或照明亮度。又如，有些走道可以根据相应的声感、红外感应等传感器判别是否有人经过，借以控制相应照明系统的启/停等。

（4）远程强制控制模式

除了以上介绍的自动控制方式外，工作人员也可以在工作站远程对固定区域的照明系统进行强制控制，远程设置其照明状态。

（5）联动控制模式

联动控制模式是指由某一联动信号触发的相应区域照明系统的控制变化。如火警信号的输入、正常照明系统的故障信号输入等均属于联动信号。当它们的状态发生变化时，将触发相应照明区域的一系列联动动作，如逃生诱导灯的启动、应急照明系统的切换等。

以上各种控制模式之间并不相互排斥，在同一区域的照明控制中往往可以配合使用，这就需要处理好各模式之间的切换或优先级关系。以走廊照明系统为例，可以采用时间表控制、远程强制控制及安保联动控制三种模式相结合的控制方式。其中，远程强制控制的优先级高于时间表控制，安保联动控制的优先级高于强制远程控制。

2. 照明系统监控需求

照明设备的自动控制需根据不同的场合、用途需求进行，以满足用户的需求。照明设备监控系统所应用的场合及具体需求如下：

（1）办公室及酒店客房等区域

此类区域的照明控制方式有就地手动控制、按时间表自动控制、按室内照度自动控制等。

（2）门厅、走廊、楼梯等公共区域

此类区域的照明控制主要采用时间表控制、动态控制模式。

（3）大堂、会议室、接待厅、娱乐场所等区域

此类区域照明系统的使用时间不定，不同场合对照明需求差异较大，因此往往预先设定几种照明场景，使用时根据具体场合进行切换。以会议室为例，在会议的不同进程中，对会议室的照明要求各异。会议尚未开始时，一般需要照明系统将整个会场照亮；主席发言时要求灯光集中在主席台，听众席照明相对较弱；会议休息时一般将听众席照明的照度提高，而主席台照明的照度减弱等。在这类区域的照明控制系统中，预先设定好集中常用

场景模式，需要进行场景切换时只需按动相应按钮或在控制计算机上进行相应操作即可。

（4）泛光照明系统

泛光照明的启/停控制一般由时间表或人工远程控制。

（5）事故及应急照明设备

事故及应急照明设备的启动一般由故障或报警信号触发，属于系统间或系统内的联动控制。如火灾报警触发逃生诱导灯的启动，正常照明系统故障触发相应区域应急照明设备的启动等。

（6）其他区域照明

除上述讨论的几个典型区域和用途的照明外，建筑物照明系统还包括航空障碍灯、停车场照明等，这些照明系统大多均采用时间表控制方式或按照度自动调节控制方式进行控制。障碍照明属于一级负荷，应接入应急照明回路。

3. 照明系统监控

建筑设备自动化系统直接监控的照明系统主要包括公共区域照明、应急照明、泛光照明等，这些照明设备的监控大都是开关量，包括设备启/停、运行/故障状态监视、手/自动状态监视等。其中，应急照明一般只监不控，其联动控制内容由其他系统完成。如图2-42所示为典型照明系统的监控原理。

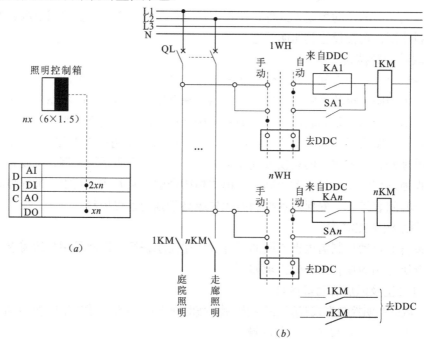

图2-42　照明系统监控原理图
（a）照明监控原理示意图；（b）照明控制箱接线原理示意图

【智能照明系统应用实例】

目前，对于复杂的照明控制，一般均由一些专业智能照明系统进行监控实现，如利用C-BUS总线照明控制系统等。这些系统既可独立运行，也可通过网关接入建筑设备自动化系统，接受统一管理和控制。

　　C-BUS 系统是一个分布式、总线型的智能控制系统。系统中普通灯具接在 220V 交流电路上，而其他所有的单元器件（除电源外）均内置微处理器和存储单元，由一根信号线（5 类线）将它们连接成网络。每个单元均设置唯一的单元地址并用软件设定其功能，通过输出单元控制各回路负载，输入单元通过群组地址和输出组件建立对应关系。图 2-43 所示为典型 C-BUS 智能照明系统原理图。在此不做详细介绍，有兴趣者自行查阅相关资料。

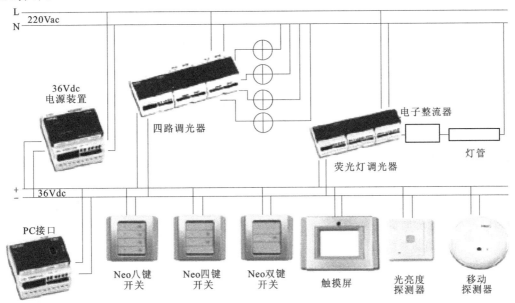

图 2-43　典型 C-BUS 智能照明系统原理图

三、电梯系统及其监控

　　电梯是智能建筑必备的垂直交通工具。智能建筑的电梯包括普通客梯、消防梯、观光梯、货梯及自动扶梯等。电梯由轿厢、曳引机构、导轨、对重、安全装置和控制系统组成。对电梯系统的要求是：安全可靠，启、制动平稳，感觉舒适，平层准确，候梯时间短，节约能源。在智能建筑中，对电梯的启动加速、制动减速、正反向运行、调速精度、调速范围和动态响应等都提出了更高要求。因此，电梯系统通常自带计算机控制系统，并且应留有相应的通信接口，用于与建筑设备自动化系统进行监测状态和数据信息的交换。因此，建筑设备自动化系统对电梯系统的监控也是"只监不控"的。

　　1. 电梯系统监测的基本内容

　　（1）对电梯运行状态的监测

　　按时间程序设定的运行时间表启/停电梯，监视电梯运行状态，对电梯故障及紧急状况报警。运行状态监测包括启动/停止状态、运行方向、所处楼层位置等，通过自动检测并将结果送入现场控制器，动态地显示出各台电梯的实时状态。

　　故障检测包括电动机、电磁制动器等各种装置出现故障后，自动报警，并显示故障电梯的地点、发生故障时间、故障状态等。

　　紧急状况检测常包括火灾状况检测、地震状况检测、发生故障时是否关人等。一经发现，应立即报警。电梯运行状态监测原理图如图 2-44 所示。

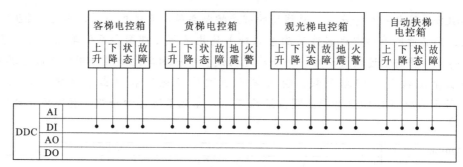

图 2-44 电梯运行状态监测原理图

（2）多台电梯的群控管理

如何在不同客流时期，自动进行调度控制，达到既能减少候梯时间、最大限度地利用现有交通能力，又能避免数台电梯同时响应同一召唤造成空载运行、浪费电力，这就需要不断地对各厅站的召唤信号和轿厢内选层信号进行循环扫描，根据轿厢所在位置、上下方向停站数、轿内人数等因素来实时分析客流变化情况，自动选择最适合于客流情况的输送方式。群控系统能对运行区域进行自动分配，自动调配电梯至运行区域的各个不同服务区段。服务区域可以随时变化，它的位置与范围均由各台电梯通报的实际工作情况确定，并随时监视，以便随时满足大楼各处的不同停站的召唤。

（3）配合消防系统协同工作

发生火灾时，普通电梯直驶首层、放客，切断电梯电源；消防电梯由应急电源供电，在首层待命。

（4）配合安全防范系统协同工作

接到安防系统信号时，根据保安级别自动行驶到规定楼层，并对轿厢门实行监控。

2. 电梯监控平台人机界面显示内容

（1）轿厢外的运行状况

通过显示画面可以看到电梯的运动过程和开关门动作，并在每一层都设置三个图形标志，分别表示本层内选、上行外呼和下行外呼。它们的显示和更新与实际电梯的内选、外呼同步。

（2）轿厢内的运行状况

以箭头形式表示动态显示电梯运行方向，电梯所到达的楼层（数字），其显示与实际轿厢中的显示同步，并显示轻载、满载、超载、检修、消防、急停等几个指示，实时显示电梯所处的状态及电梯运行速度等。

管理人员可以方便地在屏幕上通过以上画面观察到整个电梯的运行状态和几乎全部动、静态信息。

任务4 建筑设备监控管理系统实施

一、建筑设备监控管理系统设计施工流程

1. 依据设计规范进行工程需求分析，确定系统设计方案

分析建筑物的使用功能，了解业主的具体需求以及期望达到的目标；确定建筑物内实施自动化监控及管理的各功能子系统；根据各功能子系统所包含的设备，制作出需纳入楼

宇自控系统实施监控管理的被控设备一览表。

与建筑设备自动化监控系统相关的现行设计规范有：

（1）《智能建筑设计标准》GB/T 50314—2006

（2）《智能建筑工程质量验收规范》GB 50339—2003

（3）《建筑与建筑群综合布线系统设计规范》GB/T 50311—2000

对于需进行自动化监控的建筑设备子系统，给出详细的控制功能说明，并说明每一系统的控制方案及达到的控制目的，以指导工程设备的安装、调试及工程验收。

2. 画出大楼建筑设备自动化监控系统网络图，确定中央控制室

根据建筑设备自动化系统网络拓扑结构和现场楼宇设备的具体布置，画出建筑设备自动监控网络图，如图2-45所示。和土建专业共同确定中央控制室的位置、面积，确定竖井数量、位置、面积、布线方式等，以使建筑设计满足智能化系统正常运行的要求，与智能化系统设计形成和谐的统一整体，并为智能化系统留有可扩充余地。

3. 画出各子系统被控设备的监控原理图，编制监控点表

绘制设备监控原理图，即按各个监控对象设备的结构和监控内容绘制设备监控原理图，并根据原理图编制监控点表。

4. 监控设备选型

（1）设备选型要结合各设备布局的平面图，进行监控点划分，选择相应DDC控制器；根据监控范围，确定系统网络结构和系统软件。

（2）根据各设备的控制要求，选用相应的传感器、电动阀门及执行机构，并配备满足要求的现场控制器。

（3）配合强电专业，完成配电设备的二次回路设计。

5. 监控设备安装及线路敷设施工

依据被控设备的监控原理图及表达各层管线敷设的施工平面图，进行监控设备安装及线路敷设施工。

6. 设备调试及系统软件组态

编制系统控制调节软件组态，并进行软硬件设备调试。

7. 工程验收

按相关国家规范，进行工程验收。

二、建筑设备监控系统设计

建筑设备自动化监控系统的设计步骤与其他的工程设计一样，具体分为方案设计、初步设计和施工图设计3个阶段。

1. 建筑设备监控系统的方案设计

在方案设计阶段，主要是规划建筑设备监控系统的大致功能和主要目标，并提出详细的可行性报告。方案设计文件应满足编制初步设计文件的需要。在方案设计阶段通常无需图纸，只需完成设计说明书和系统投资估算。

（1）设计说明书中应包括：设计依据、设计范围和内容、建筑设备监控系统的规模、控制方式和主要功能。

（2）根据建筑设备监控系统的规模和内容完成系统投资估算。常采用面积估算法，如5万m^2办公业务综合楼的建筑设备监控系统，按30元/m^2造价估算，共需约150万元。

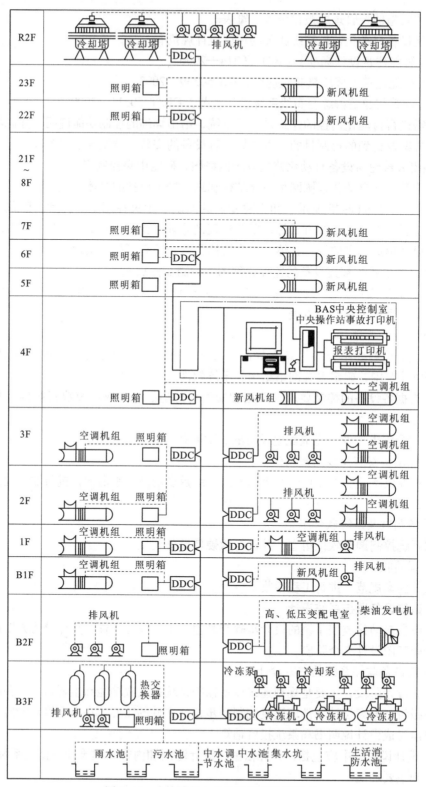

图 2-45 建筑设备自动化监控系统网络图

建筑设备监控系统方案设计如为投标方案的一部分，应满足招标书中有关要求。

2. 建筑设备监控系统的初步设计

在初步设计阶段，作为建筑设备自动化监控系统的设计承包者，应向用户提供以下一些资料。

（1）工程项目设计说明书

其内容包括：建筑设备自动化监控系统设计依据、系统功能、系统组成、总监控点数及其分布，系统网络结构，系统硬件及其组态，软件种类及功能，系统供电（包括正常电源和备用电源），线路及其敷设方式等。

（2）设计图纸

其内容包括：图纸目录、主要设备材料表、建筑设备自动化监控系统图、各子系统的监控原理图、控制室设备平面图等。

（3）设备（硬/软件）选型要求说明

3. 建筑设备监控系统的施工图设计

施工图设计文件应满足工程项目的施工需要，施工图文件的主要内容为图纸。施工图设计文件应包含以下内容。

（1）图纸目录

图纸目录中应包括：图纸名称、图号、图幅等。

（2）施工设计说明

施工设计说明中应包括：工程设计概况、建筑设备监控系统的监控范围和内容、控制室位置、主要建筑设备监测控制要求、现场控制器设置方式、电源与接地要求、系统施工要求和注意事项、其他要说明的问题等。

（3）材料表

材料表应包括：主要线缆、穿管、电缆桥架的型号、规格、数量，传感器、阀门的规格、数量等。

（4）设备表

按工艺系统的顺序，详细列出建筑监控设备系统中各种设备的名称、规格、数量、测量范围、输入输出信号要求、工作条件、技术要求、型号等。

（5）建筑设备自动化监控系统图

建筑设备自动化系统图表示了大楼中建筑设备自动化系统的全部控制设备（从监控主机到现场控制器）之间的关系，图中应能表示出：建筑物内主机系统、网络设备和现场控制器的编号、数量、位置、网络连线关系等，还应表示出现场控制器所监控对象的主要内容和被监控设备的楼层分布位置及通信线路选择。系统图表示到现场控制器为止。

（6）电源分配原理图

电源分配图是表示建筑设备自动化监控系统的总体供电系统图，其中应表示：电源来源、配电至建筑设备监控系统控制室设备，各现场控制器控制箱及现场设备的方式和设备、管线编号等。

（7）各设备子系统监控系统原理图

设备子系统包括给水排水系统、冷冻站系统、热交换系统、空调系统、新风系统、送排风系统、供配电系统、照明系统等。监控系统原理管线图为表示该子系统的设备和工艺流程及建筑设备自动化系统对其进行监控的原理图，其中应注明子系统的工艺流程、仪表安装处的管道公称直径及参数、监控要求、监控点位置、接入现场控制器的 I/O 信号种类、现场控制器至每台现场仪表的电缆规格、编号等。

（8）建筑设备监控系统管线敷设平面图

建筑设备监控系统管线敷设平面图中应表示出被控工艺设备、现场仪表、现场控制器控制箱、中央控制室的位置及设备之间电缆、穿管、桥架的走向。

（9）建筑设备监控系统中央控制室设备平面布置图

图中应标出控制室安装设备位置的主要尺寸。

（10）建筑设备监控系统监控点表

统计建筑设备自动化监控系统监控点表。

施工图设计之后，经由建筑设备自动化系统招投标产生工程承包商，工程承包商还应进行建筑设备监控系统施工图深化设计。其中，主要包括设备的生产制造图纸和设备机房内的大样安装图纸。建筑设备自动化系统的设计单位应负责审查承包方提供的深化设计图纸。

【监控表的推荐格式】监控表的格式以简明、清晰为原则，根据选定的建筑物内各类设备的技术性能，有针对性地进行制表。建筑设备监控常用图形符号见表2-5。推荐的系统监控点位表见表2-6，各个现场控制器的监控点一览表见表2-7。

建筑设备监控常用图形符号　　　　　表2-5

符号来源	图形符号	说明	图形符号	说明	图形符号	说明
		风机		就地安装仪表		电机二通阀
		水泵		盘面安装仪表		电动三通阀
GBJ 114-888-2		空气过滤器		盘内安装仪表		电磁阀
GBJ 114-888-6		空气加热冷却器 S=+为加热 S=-为冷却		管道嵌装仪表		电动蝶阀
GBJ 114-887-3		风门		仪表盘 DDC 站		电动风门
GBJ 144-888-3		加湿器		热电偶	200×30	电缆桥架（宽×高）
		水冷机组		热电阻	2010	电缆及编号
		冷却塔		温度传感器	—	—
		热交换器		节流孔板	—	—
		电气配电，照明箱		一般检测点	—	—

建筑设备自动化系统监控点位表

表2-6

设备	数量	DI（数字量输入点）										AI（模拟量输入点）																DO（数字量输出点）					AO（模拟量输出点）		小计点数
		开关状态	故障报警	超温/压报警	过滤网压差	防冻开关信号	风流开关信号	水流开关	蝶阀状态	送风状态	水/油位高低	照度	送风温/湿度	回风温/湿度	CI/PH监测	室内CO₂	室内CO	室外温湿度	水/油温度	流量	压力	电流	电压	电度	功率因数	有功功率	频率	风机起动	蝶阀开关	新风阀阀控制	回风阀阀控制	冷热水阀控制	调节蝶阀控制	热水加热控制	
1. 冷热源设备监控子系统																																			
1 冷水机组																																			
2 冷冻水泵																																			
3 冷却水泵																																			
4 冷却塔																																			
5 膨胀水箱																																			
6 冷冻水压差旁通																																			
7 冷冻水总供水管																																			
8 冷冻水总回水管																																			
9 冷却水总供水管																																			
10 冷却水总回水管																																			
小计																																			
合计																																			
2. 新风空调设备监控子系统																																			
1 离心通风机（-F3）																																			
2 立柜式空调器（-F3）																																			
3 轴流通风机（-F2）																																			
4 立柜式空调器（-F2）																																			
5 离心式通风机（-F1）																																			
6 立柜式空调器（-F1）																																			
7 新风处理机组（-F1）																																			
8 停车场环境（-F1）																																			
9 风机盘管（-F1）																																			
小计																																			
合计																																			
点数总计																																			

直接数字控制器（DDC）监控点一览表　　表2-7

项目 DDC编号 序号	监控点描述	设备位号	通道号	DI类型 接点输入	电压输入	DO类型 接点输入	电压输出	其他	模拟量输入点AI要求 信号类型 温度（三线）	温度（二线）	湿度	其他	供电电源 其他	模拟量输出点AO要求 信号类型 其他	供电电源 其他	DDC供电电源引自	管线要求 导线规格	型号	管线编号	穿管直径
1																				
2																				
3																				
4																				
5																				
6																				
7																				
8																				
9																				
10																				
11																				
12																				
13																				
合计																				

三、建筑设备监控系统施工

建筑设备自动化监控系统的施工，除监控设备仪表的安装外，主要内容还有线路的敷设及供电与接地施工。

1. 建筑设备监控系统的线路敷设方法

（1）现场管线敷设原则

建筑设备监控系统电缆管线敷设，应符合建筑电气设计的有关规范。实际工程应用中还应参照相应品牌设备的技术手册。

（2）监控设备仪表信号控制电缆选择

监控设备仪表信号控制电缆宜采用截面为 $1 \sim 1.5 \mathrm{mm}^2$ 的控制电缆，根据现场控制器要求选择控制电缆的规格。一般模拟量输入输出采用屏蔽电缆，开关量输入输出采用普通无屏蔽电缆。表2-8所示供参考。

监控设备连接至控制器用线缆　　表2-8

用　途	线　规　格	线径（mm^2）	最远使用距离（m）
模拟量输入	RVV 或 RVVP，2芯	≥1.0	150
模拟量输出	RVV 或 RVVP，2芯	≥1.0	150
数字量输入	RVV，2芯	≥1.0	200
数字量输出	RVV，2芯	≥1.5	—
电阻测量	RVV 或 RVVP，3芯	≥1.0	100
频率信号输入	RVV 或 RVVP，2芯	≥1.0	200
电源线	RVV，2芯	≥1.5	—

（3）通信线缆选择

现场控制器及监控主机之间的通信线，在设计阶段宜采用控制电缆或计算机专用电缆中的屏蔽双绞线。

（4）电源线规格与截面选择

向每台现场控制器的供电容量，应包括现场控制器与其所带的现场监控设备仪表所需用电容量。宜选择铜芯控制或电力电缆，导线截面应符合电力设计相关规范，一般在 $1.5 \sim 4.0 \text{mm}^2$ 之间。

（5）电缆穿管的选择

建筑设备监控系统中的信号线、电源线及通信线缆所穿保护管，宜采用焊接钢管，电缆面积总和与保护管内部面积的所占比例为35%。

地面与墙内安装的电缆穿管，一般由土建施工单位安装。

（6）电缆桥架选择

在线缆较为集中的场所宜采用电缆桥架敷设方式。电缆桥架敷设时应使强弱电缆分开，当在同一桥架中敷设时，应在中间设置金属隔板。电缆在桥架中敷设时，电缆面积总和与桥架内部面积比一般应不大于40%。电缆桥架在走廊与吊顶中敷设时，应注明桥架规格、安装位置与标高。电缆桥架在设备机房中敷设时，应注明桥架规格、安装位置与标高，可根据现场实际情况而定。

2. 建筑设备监控系统的供电与接地

（1）供电方式

建筑设备监控系统的现场控制器和仪表采用集中供电方式，即从主控室放射性地向现场控制器和仪表敷设供电电缆，以便于系统调试和日常维护。

主控室应设置配电柜，总电源来自安全等级较高的动力电源，总电源容量不小于系统实际需要电源容量的1.2倍，配电柜内对于总电源回路和各分支回路，都应设置空气开关作为保护装置，并明显标记出所供电的设备回路与线号。

建筑设备监控系统的 UPS 配置，应采用在线式不间断电源，保护范围为控制室计算机监控系统，蓄电池容量应保证断电后维持主机系统工作30min。

（2）接地方式

建筑设备监控系统的主控室设备、现场控制器和现场管线，均应良好接地。接地方式可采用集中的共用接地或单独接线方式。采用联合接地时，接地电阻应小于1Ω；采用单独接地时，接地电阻应小于4Ω。

3. 建筑设备监控系统的造价估算

在建筑设备监控系统的工程实施过程中，在方案设计、初步设计、施工图设计阶段及系统招投标阶段，都要求对建筑设备监控系统的投资造价作出估算、概算和预算，针对不同阶段的要求，常采用以下几种投资造价的估算方法。

（1）面积估算法

在系统尚未开始设计或未完全确定之前，根据建筑物的性质和面积，参照同类建筑中的建筑设备监控系统的投资，凭经验按照建筑面积估算建筑设备监控系统的投资，此即为面积估算法。多用于早期项目投资粗略估算，如方案设计阶段。

建筑设备监控系统按面积造价估算，通常为人民币 $20 \sim 40$ 元/m^2，对于建筑规模较大或机电设备较简单的建筑物，其平均造价较低；对于建筑规模较小或机电设备较复杂的建筑物，其平均造价较高。可根据各地建筑市场价格进行估算。

（2）点数估算法

在建筑设备监控系统设计到一定深度后，专业人员可根据机电设备的监控要求，设计或估算出建筑设备监控系统中各个子系统的总监控点数量，再按照监控点数估算。点数估算法比面积估算法准确度有所提高，多用于建筑物中机电设备的控制方案完成后的投资估算，如初步设计阶段。

建筑设备监控系统按监控点数造价估算，通常为人民币 1500～2500 元/点，对于数字量监控点较多的建筑物，其平均造价较低；对于模拟量监控点较多的建筑物，其平均造价较高。

（3）设备估算法

建筑设备监控系统设计完成后，根据系统监控功能、设备监控点表、设备材料表等详细图纸，按照建设部或各省市地方的"建筑安装工程预算定额"中建筑设备监控系统有关部分的工程量进行逐项取费计算，得出准确的建筑设备监控系统投资费用。

单 元 小 结

智能建筑设备监控管理系统是本书的重点之一。本单元共分四个任务。前三个任务分别按照智能建筑中主要的五大类机电运行设备（给水排水、暖通空调、供配电、照明、电梯）论述其监控管理系统，除各系统本身特点外，其监控管理实施过程是一样的。其中，任务一建筑给水排水监控系统实施步骤论述最详细，从监控功能设置、监控原理图绘制、监控点表编制等设计过程，到传感器等监控设备选择、接线、软件组态等施工过程，一一详细列出，其他设备监控系统实施可参照该任务。任务四是在前面各设备子系统监控分析后，如何实现整个智能建筑设备监控管理系统，从工程实施方面进行了论述。

通过本单元理论知识的学习和基本技能实训，明白建筑设备监控管理系统的相关规范、工程设计及施工的基本内容和基本方法，学会绘制设备监控原理图及编制监控点表，熟悉设备监控组态软件，为从事建筑设备监控设计和施工打下基础。

技能训练 3   楼宇设备智能化管理系统操作

一、实训目的

1. 能够操作智能楼宇设备管理系统；

2. 熟悉智能楼宇设备管理系统功能，了解监控设备系统构成。

二、实训所需场地、设备

1. 空调制冷通风系统智能化控制系统；

2. 给水排水系统智能化控制系统；

3. 供配电、照明系统智能化控制系统；

4. 电梯系统智能化控制系统;

5. 智能楼宇设备监控中心。

三、实训内容、步骤

1. 参观设备智能化监控系统;

2. 教师演示并讲解该系统功能;

3. 学生提问并操作,填写实训报告。

四、实训报告

楼宇设备智能化监控功能表

设备系统	监控功能	备注
给水排水系统		
暖通空调系统		
供配电系统 照明系统		
电梯系统		

技能训练 4 建筑给水监控系统软件组态

一、实训目的

1. 掌握 DDC 控制器、典型传感器接线;

2. 熟悉 DDC 组态软件的使用;

3. 能使用组态软件编制给水系统开关逻辑控制。

二、实训所需材料、设备

1. 典型 DDC 控制器、水位传感器;

2. 典型 DDC 组态软件。

三、实训内容、步骤

1. 设计并绘制一个水箱给水系统监控原理图，并作出设备监控点设置表；

2. 按原理图选择 DDC、传感器等，完成接线；

3. 软件组态给水系统开关逻辑控制；

4. 调试、运行。

四、实训报告

1. 画出一个水箱两台水泵给水系统监控原理图。

2. 编制给水设备监控点表。

给水设备监控点设置表

序号	监控点功能描述		监控点数量	控制点类型			
	中文描述	组态符号表示		AI	AO	DI	DO

3. 软件组态给水系统开关逻辑控制，并根据组态填写下表。

给水系统主用泵运行开关逻辑组态

监控点组态符号表示	逻辑状态描述（1/0）	逻辑控制结果
		1

技能训练 5　某高校电教大楼设备智能化监控系统方案设计

一、实训目的

1. 掌握建筑给水排水系统监控原理，会做监控点设置表；

2. 掌握暖通空调系统监控原理，会做监控点设置表；

3. 掌握供配电、照明系统监控原理，会做监控点设置表；

4. 掌握建筑设备自动化系统设计标准。

二、实训场地与要求

1. 实训场地：计算机机房，每人一台电脑；

2. 3 人为一小组，以小组为单位交 1 份大作业，提交完整电子文档；

3. 本实训课内 4 学时，课外在一周内完成。

三、实训内容、步骤

1. 教师提供某高校电教大楼给水系统图、制冷空调系统及平面图、供配电系统等施工图纸，在教师指导下识读图纸。

2. 参照附表 2，按甲级智能建筑设计标准，模仿本书 P 工程实例 1 形式，对该电教大楼的给水、制冷空调、供配电、照明及电梯系统做出监控设计方案，内容包括：

（1）工程概述

（2）确定给水、制冷空调、供配电、照明及电梯系统监控功能

（3）画出 BAS 控制网络图

（4）各子系统监控原理图

（5）监控点总表

（6）监控设备清单

四、实训报告

所有图表均整理成 word 文档，以小组为单位提交电子档设计方案。

思 考 题 与 习 题

一、选择题

1. 某物业大厦，生活水泵配电控制运行正常，但在自动给水系统中不能启动，有可能是监控系统中下列哪个设备出问题_____。

A. 低水位启泵传感器　　　　　　　B. 高水位停泵传感器

C. 溢流水位传感器　　　　　　　　D. 超低水位传感器

2. 见图 2-9 某大厦给水系统监控界面，如果当前 1 号水泵停止，2 号水泵运转正常，其界面显示应为_____。

A. 1 号水泵运行状态显示绿色　　　B. 1 号水泵故障状态显示红色

C. 2 号水泵运行状态显示绿色　　　D. 2 号水泵故障状态显示红色

3. 见图 2-14 某大厦排水系统监控界面，如果高水位报警显示红色，表示_____。

A. 1 号水泵故障　　　　　　　　　B. 2 号水泵故障

C. 水箱无水　　　　　　　　　　　D. 水箱水满溢出

4. 见图 2-33 某大厦空调系统监控界面，如果室内温度较高，需要调低空气温度，在该图中需调节_____。

A. 送风温度传感器　　　　　　　　B. 回风温度传感器

C. 冷水阀　　　　　　　　　　　　D. 空调风机

5. 见图 2-34 某大厦冷冻水系统监控，下列哪个参数不属于此界面监控参数_____。

A. 冷冻泵运行状态　　　　　　　　B. 冷却泵运行状态

C. 冷冻机组运行状态　　　　　　　D. 供回水压差

6. 见图 2-35 某大厦冷却水系统监控，如果冷却塔风扇发生故障不能运转，则该界面哪个参数显示变成红色_____。

A. 冷却风扇运行状态　　　　　　　　B. 冷却风扇故障报警

C. 冷却泵运行状态　　　　　　　　　D. 冷却泵故障报警

7. 参见图 2-33，如果室内温度较高，想调低空气温度需将冷冻水量调_____。

A. 不变　　　　　B. 小　　　　　C. 大　　　　　D. 与冷冻水量无关

8. 某物业大厦，中央制冷空调系统运行正常，但温度显示明显与房间实际温度不同，有可能是监控系统中下列哪个设备出问题_____。

A. 送风处温度传感器　　　　　　　　B. 回风处温度传感器

C. 新风处温度传感器

9. 空调风道过滤网堵塞，电脑监控会发出报警，图 2-33 中_____显示报警。

A. 送风风门　　　　　　　　　　　　B. 过滤网压差传感器

C. 送风温度传感器　　　　　　　　　D. 送风湿度传感器

10. 某物业配电室，高压供电 10kV，参见图 2-41，其监控界面应显示的位置是_____。

A. 高压配电柜三相电压　　　　　　　B. 低压配电柜三相电压

C. 图中供配电系统图的出线电压　　　D. 在该界面无显示

二、练习题

1. 参照表 2-3 形式，将图 2-33、图 2-34、图 2-35 某大厦制冷空调系统电脑监控界面，做出监控点表。

2. 某工程的给水系统监控要求如下，根据图 2-46 请完成其监控原理图的绘制，并在图中标注各监控点。

监控要求：①水箱的液位有三个：溢流液位、启泵液位、停泵液位。当液位低于启泵液位时，由控制器给出水泵启动信号，当液位高于停泵液位时，由控制器给出水泵停止信号，当液位高于溢流液位时，控制系统发出报警信号。②水池的液位有三个：溢流液位、启泵液位、停泵液位。当液位高于启泵液位时，由控制器给出水泵启动信号，当液位低于停泵液位时，由控制器给出水泵停止信号，当液位高于溢流液位时，控制系统发出报警信号。③水泵控制和监测为：运行状态、故障状态、手/自动状态反馈及启停控制。

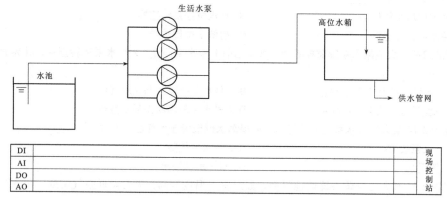

图 2-46　给水系统监控原理图绘制

3. 如图 2-47 所示某高层建筑分区给水监控系统原理图，参照表 2-3 形式，做出该系统监控点表。

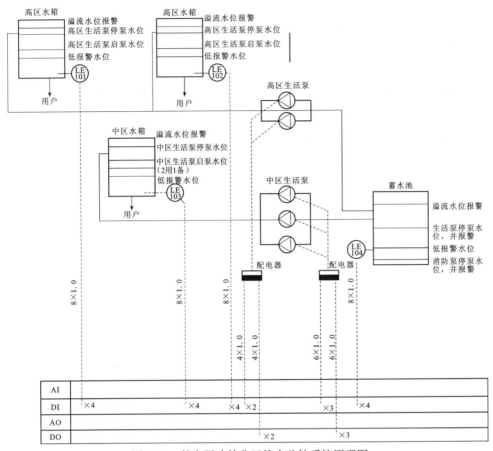

图 2-47 某高层建筑分区给水监控系统原理图

三、技能训练

参照技能训练 4，分别做出建筑排水、制冷空调系统控制方案软件组态。

单元3 智能建筑火灾自动报警及消防设备联动系统

【本单元要点】火灾自动报警及消防设备联动系统是智能建筑的公共安全系统，是为应对火灾突发事件，建立起应急及长效的技术防范保障体系。学习本单元要求掌握火灾自动报警及消防联动系统设备设施、工作原理等知识，能够识读火灾自动报警及联动设备系统施工图表，掌握基本的安装施工技能。

教学导航

<table>
<tr><td rowspan="6">教</td><td>重点知识</td><td>1. 火灾自动报警及消防设备联动各子系统的组成、工作原理及作用。
2. 火灾自动报警控制器、火灾探测器的选用及设置。
3. 识读火灾自动报警与消防设备联动系统图、平面图</td></tr>
<tr><td>难点知识</td><td>1. 火灾自动报警及消防设备联动各子系统工作原理。
2. 消防设备的联动控制</td></tr>
<tr><td>推荐
教学方式</td><td>对重点知识处理：
1. 通过动画、视频深入浅出讲解火灾报警及消防设备联动各系统组成、工作原理及作用。
2. 参照相关设计规范讲解火灾探测器的选用及设置。
3. 完成技能训练6，巩固知识的掌握。
4. 参照书后工程实例3和实例4，讲解若干火灾报警施工图纸，使学生对概念清楚。
对难点知识处理：
1. 应用多媒体课件，通过动画、视频讲解火灾报警及消防设备联动各系统工作原理。
2. 消防设备的联动控制电路原理在此不做详细讲解，关注的学生可关联前续课程，自查相关资料</td></tr>
<tr><td rowspan="2">建议学时
（8学时）</td><td>理论6学时：参照本书电子版单元3课件</td></tr>
<tr><td>实践2学时：参照本书技能训练6</td></tr>
<tr><td rowspan="1"></td><td></td></tr>
<tr><td rowspan="3">学</td><td>推荐
学习方法</td><td>1. 掌握火灾报警及消防设备联动各系统组成、工作原理及作用。
2. 各种火灾探测器可在相关网址搜索大量产品资料，阅读火灾报警系统相关设计规范，探测器的选择及布置规范均有规定。
3. 巩固知识概念，完成本单元课后练习，并做自主评价，参考答案参照本书电子版单元3习题答案</td></tr>
<tr><td>必须掌握的
理论知识</td><td>1. 熟悉并掌握火灾自动报警及消防设备联动各子系统组成、工作原理及作用。
2. 熟悉并掌握火灾自动报警系统设计要点</td></tr>
<tr><td>必须掌握的技能</td><td>1. 能识读火灾自动报警系统图、平面图。
2. 能进行基本的火灾自动报警线路接线、调试</td></tr>
</table>

安全性已成为现代建筑质量标准中非常重要的一个方面。目前，人们生命和财产安全所面临的最大威胁包括两方面：一方面是人为或自然灾害引起的破坏，如火灾、地震、燃气泄漏等；另一方面是由人引起的破坏，如盗窃、抢劫等；此外，物业的运营和管理中安全保卫和意外事故的防范也是一项重要的工作。因此，人们越来越迫切要求采用有效的措施，以满足日益增长的安全防范需求。

智能建筑公共安全系统包括火灾自动报警及消防设备联动系统、安全技术防范系统和应急联动系统等，具有应对火灾、非法侵入、自然灾害、重大安全事故和公共卫生事故等危害人们生命财产安全的各种突发事件，建立起应急及长效的技术防范保障体系。

1. 高层建筑的特点及火灾危害性

（1）楼宇高、层数多、人员集中，高层建筑的特点导致疏散的困难性及专业消防队扑救的困难性。当前国际上最先进的消防云梯也只不过七十多米，只能适用于二十以下的楼层，由于外部救助器材无法到位，供水扬程不够高度等问题都会带来外部扑救的困难。

（2）楼宇功能复杂、设备繁多、装修量大。大部分楼宇集娱乐、宾馆、饮食、商场、写字楼为一体，因为功能的多元化，不可避免地存在可燃物质和多种火源，这样不便管理也是火灾的重大隐患。

（3）高层楼宇的烟囱效应。高层楼宇内各种竖井林立，如电梯井、强弱电井、管道井等都是无形的烟囱，火灾时，烟雾火势因空间压力被吸收到竖井（烟囱）之中，在强大的抽力下很快向上扩散，竖井形成的烟囱效应是火灾的可怕帮凶。

（4）高层楼宇所承受的风力大、雷击次数多。风力常随着高度的上升而逐渐增大，由于风速的加大，即便不具备威胁的火灾，也会变得非常危险，风力越大其火灾的严重程度相应增大。而且高层楼宇的雷击机会比一般房屋要多，楼宇越高遭受雷击机会越多。

由此可见，强化高层楼宇自防自救能力尤为重要。智能消防系统综合应用了自动检测技术、现代电子工程技术及计算机技术等高新技术，可以准确可靠地探测到火险所处的位置，自动发出警报，计算机接收到火情信息后自动进行火情信息处理，并据此对整个建筑内的消防灭火设备、配电、照明、空调、广播以及电梯等装置进行联动控制，实现自动探测、自动灭火及自动启动疏散诱导装置，将火灾风险控制到最低。

2. 火灾自动报警及消防联动系统构成

一套完整的智能化消防系统由火灾自动报警及消防设备联动系统组成，分为"防"、"消"和"诱导疏散"三部分（后两部分也可称为消防设备联动系统），由若干子系统组成，其结构框架如图 3-1 所示。

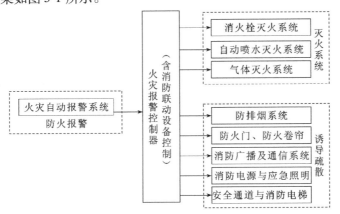

图 3-1　火灾报警及消防联动系统结构框架

"防火"也即探测并警示火灾的发生，主要由火灾自动报警系统完成；"灭火"即扑灭火灾，常用的灭火系统包括消火栓系统、自动喷水系统、气体灭火系统等；"诱导疏散"指在火灾发生过程中，通过对楼宇设备的联动控制，排散烟气，及时疏散人群，把火灾危害控制到最低，诱导疏散系统有防排烟系统、防火门防火卷帘、消防广播等系统。

在这样一套复杂的系统中，其控制核心是消防报警联动控制器，它接收火灾自动报警系统的探测信号（通过连接的火灾探测器、手动报警按钮等），并向灭火系统和诱导疏散系统发出设备启动指令（通过控制模块，连接到相应灭火、疏散等控制设备），其系统示意图如图 3-2 所示。

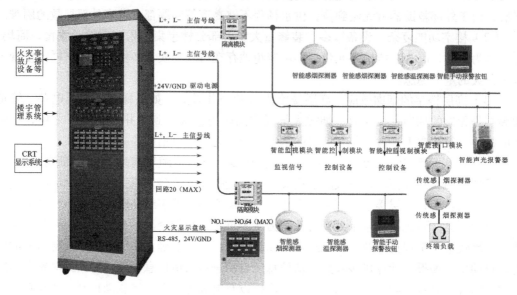

图 3-2　火灾报警及消防联动系统组成示意图

任务 *1*　火灾自动报警及消防设备联动系统工作原理及设备组成

一、火灾自动报警系统

1. 火灾自动报警系统工作原理

火灾自动报警系统是整个消防系统的关键部分（见图 3-1），它好比火灾自动探测的"眼睛"，及早发现火灾可将损失降低到最小。火灾自动报警系统由报警控制器、火灾探测器、手动报警按钮等组成。如图 3-3 所示。

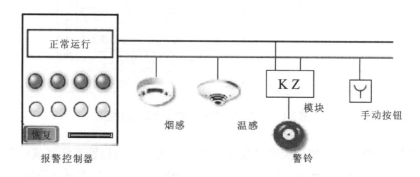

图 3-3　火灾自动报警系统示意图

系统的工作原理是：感烟、感温等火灾探测器不断向监视现场发出检测信号，监视烟雾浓度、温度、火焰等火灾信号，并将探测到的信号不断送给火灾报警控制器。报警器将代表烟雾浓度、温度数值及火焰状况的电信号与报警器内存储的现场正常整定值进行比较，判断是否发生火灾。当确认发生火灾时，在报警器上发出声光报警，同时向火灾现场发出声光报警信号，并启动相应灭火及疏散联动的设备。除探测器自动探测外，系统还设有手动报警按钮，该信号同样传送到火灾报警器。

2. 火灾自动报警系统典型设备

火灾自动报警系统典型设备包括各种火灾探测传感器、报警按钮、报警控制器等，如图 3-4 所示。

火灾报警控制柜

通用火灾报警控制器

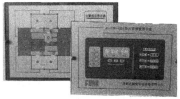

数字显示盘

操作显示界面

探测器、模块按钮

火灾报警及灭火联动控制系统

图 3-4　典型火灾自动报警设备

（1）火灾探测传感器

火灾探测传感器（简称火灾探测器）根据其探测原理及功能分为感烟火灾探测器、感温火灾探测器、感光火灾探测器等类型。

1）感烟火灾探测器

感烟火灾探测器是一种感知燃烧或热分解产生的固体或液体微粒，用于探测火灾初期的烟雾并发出火灾报警信号的传感器。常用于办公楼、商场、酒店等场所。

2）感温火灾探测器

感温火灾探测器是一种对警戒范围内的温度进行监测的传感器，感测温度达到一定设定值时发出报警信号。常用于汽车库、厨房以及吸烟室等不宜安装感烟探测器的场所。

3）线型火灾探测器

前两种探测器均是点型探测器，一般适用于高度小于 8 米的建筑物，对于空间大跨度的场馆、隧道、变电站等场所，通常采用线型火灾探测器。常用的线型火灾探测器有红外光束感烟探测器，探测器发射和接收红外线，如果有烟雾扩散到测量区，烟雾粒子对红外光束起到吸收和散射的作用，使到达受光元件的光信号减弱，当光信号减弱到一定程度时，探测器就发出火灾报警信号。

（2）手动火灾报警按钮

手动火灾报警按钮是用手动方式产生火灾报警信号，启动火灾自动报警系统的器件。为了提高火灾报警系统的可靠性，在火灾自动报警系统中，除了设置火灾自动探测器外，还应设置手动触发装置。手动火灾报警按钮应设置在明显和便于操作的地方，宜设置在公共活动场所的出入口处；有消火栓的，应尽量设在消火栓的位置。手动火灾报警按钮可兼有消火栓泵启动按钮的功能。

（3）火灾自动报警控制器

火灾报警控制器是一种具有对火灾探测器供电，接收、显示和传输火灾报警等信号，并能对消防设备发出控制指令的自动报警装置。它可单独作为火灾自动报警用，也可与消防灭火系统联动，组成自动报警联动控制系统。报警控制器是火灾信息处理和报警控制的核心，最终通过联动控制装置实施消防控制和灭火操作。

火灾报警控制器通常按其建筑物规模可选用琴台式、柜式、壁挂式等，主要功能包括报警显示、控制显示、计时、联动连锁控制、信息传输处理等。

二、消防灭火系统

自动报警但不能自动灭火的消防系统对现代高层建筑没有太大的实际意义，因此高层建筑自救的关键是建立一套自动启动灭火装置的设备联动控制系统。消防灭火系统包括消火栓系统、自动喷水系统、气体灭火系统等，常用的灭火介质采用水，特殊场合采用无毒气体或泡沫。

1. 消火栓灭火系统

消火栓灭火系统工作原理示意图见图 3-5，图中粗体线表示消火栓水管网，细线表示报警控制信号传输线路。室内消火栓灭火是最基本最常用的灭火方式，是利用在楼体内敷设消火栓水管网，由人操纵水枪进行灭火的固定设备。当建筑物某处发生火灾时，就击碎该区域的消火栓玻璃，按报警按钮进行报警，此信号传递给报警控制器，控制器判断并显示消火栓部位所在楼层或防火分区,消防报警联动控制器启动相应的消防泵为消火栓供水,致使管网提供一定压力的消防水,灭火人员取枪开栓灭火。图3-6为消火栓箱。

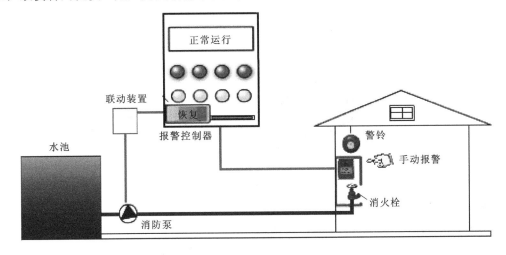

图3-5 消火栓灭火系统示意图

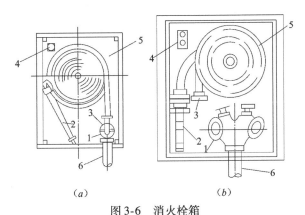

(a)   (b)

图3-6 消火栓箱
(a)单出口消火栓;(b)双出口消火栓
1—消火栓;2—水枪;3—水龙带;4—按钮;5—水带;6—消防管道

消火栓灭火系统主要组成应包括水源来向(即水池、大型供水站等)、水泵、管网、消火栓、水龙带、水嘴、报警按钮等。

消防控制设备对室内消火栓系统应有下列控制、显示功能:控制系统的启、停;显示消火栓按钮启动的位置;显示消防水泵的工作与故障状态。

2. 自动喷水灭火系统

自动喷水灭火系统工作原理示意图见图3-7,图中粗体线表示喷淋水管网,细线表示报警控制信号传输线路。自动喷水灭火系统是一种固定式灭火系统,在楼体内敷设带有喷淋装置的消防水管网,其供水与消火栓系统大致相同,但自救灭火效果比消火栓要先进得多。喷淋水管网上装设有喷淋头,喷淋头内设置装有红色热敏液体的玻璃球,当火灾发生时,由于周围温度的骤然升高,玻璃球内热敏液体的温度也随着升高,从而促使内压力增加,当压力增加到一定程度时,致使玻璃球破裂,此时密封垫脱开,喷出压力水。喷水后引起水压降低，这样使装在管网上的水流指示器动作，将水的压力信号变成电信号传送给控制器，控制器经判断后发出指令，启动喷淋水泵并保持管网水压，使喷淋头不断喷洒水灭火。图3-8为常见的闭式喷淋头。

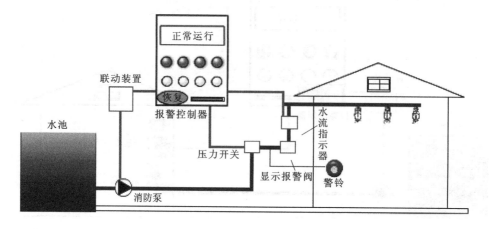

图3-7　自动喷水灭火系统示意图

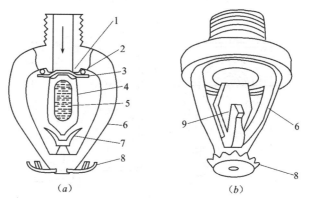

（a）　　　　　　　　　　（b）

图3-8　闭式喷淋头

（a）玻璃球洒水喷头；（b）易熔元件洒水喷头

1—阀座；2—密封圈；3—阀片；4—玻璃球；

5—色液；6—支架；7—锥套；8—溅水盘；9—锁片

自动喷水灭火系统的设备主要有抽水用的水泵、报警阀、消防接合器、喷淋泵、稳压泵、水流指示器、喷头等。

消防控制设备对自动喷水灭火系统应有下列控制、显示功能：控制系统的启、停；显示报警阀、闸阀及水流指示器的工作状态；显示消防水泵的工作、故障状态。

3. 气体灭火系统

气体灭火系统适用于不能使用水或泡沫灭火的场合，例如，大楼的配电室、柴油发电机房、网络机房、档案资料室、书库、可燃气体及易燃液体仓库等。

气体灭火系统工作原理示意图见图3-9，图中粗体线表示气体管网，细线表示报警控制信号传输线路。自动气体灭火系统是一种固定式灭火系统，在需要气体灭火的场所敷设通气管网，当火灾发生时，现场的火灾探测器发出信号至控制器，控制器经过判断，发出指令信号，自动打开二氧化碳气体瓶的阀门，放出二氧化碳气体，使室内缺氧而达到灭火的目的。为了准确可靠判断火灾，采用气体灭火的场合一般安装感温、感烟探测器，两者都报警时，则判断火灾，并且在消防监控中心及气体存放的地方都设置系统的紧急启动和切断的手工操作装置，必要时能够万无一失地完成气体的释放和关闭的所有程序。

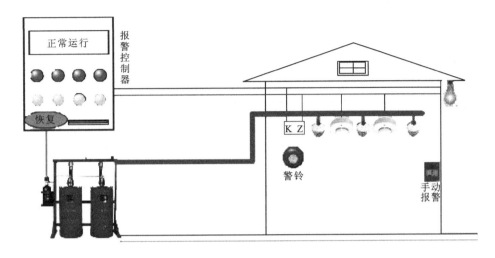

图 3-9   气体灭火系统示意图

气体灭火系统按其使用的气体可分为卤代烷灭火、二氧化碳灭火、氮气灭火及蒸气灭火等设备，在现代化的高层楼宇中最常用的气体灭火设备为卤代烷和二氧化碳灭火设备。其主要设备有气体钢瓶、报警阀等。

消防控制设备对有管网的卤代烷、二氧化碳等气体灭火系统应有下列控制、显示功能：控制系统的紧急启动和切断装置；由火灾探测器联动的控制设备具有延迟时间为可调的延时机构；显示手动、自动工作状态；在报警、喷淋各阶段，控制室应有相应的声、光报警信号，并能手动切除声响信号；在延时阶段，应能自动关闭防火门、窗，停止通风，关闭空气调节系统。

三、消防诱导疏散系统

火灾发生过程中，有效地诱导疏散系统，会极大地保护人们的生命安全。因此，火灾诱导疏散设施的设置是必需的。

1. 防排烟系统

火灾发生时产生的烟雾主要是以一氧化碳为主，这种气体具有强烈的窒息作用，对人员的生命构成极大的威胁。因此，火灾发生后应该立即启动防排烟系统工作，把烟雾以最快的速度迅速排出，尽量防止烟雾扩散。

防排烟系统的作用是为了防止烟气对流，在安全通道、电梯前室等场所设有排烟装置，一旦发生火灾，由报警控制中心发出信号，自动启动相应的排烟风机进行排烟。通常，消防排烟系统可与空调通风系统共用管道，一旦发生火灾，消防联动控制立即关闭空调风机，同时启动排烟风机。

一个防排烟系统主要的设备有正压送风机、轴流排烟机、排烟口等。

消防控制设备对防排烟系统应有下列控制、显示功能：停掉有关部位（如空调、通风）的风机；启动防排烟风机、排烟阀，并接收其反馈信号。

2. 防火门、防火卷帘

防火门的作用是将燃火区隔离。通常防火门被电磁锁的固定锁扣位呈开启状态，火灾时由消防监控中心发出指令后电磁锁动作，固定门的锁被解开，防火门依靠弹簧把门关闭。防火门示意图如图 3-10 所示。

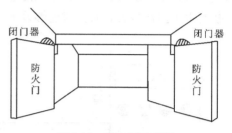

图 3-10　防火门示意图

防火卷帘一般设在大楼防火分区通道口处，一旦消防监控中心对火灾确认之后，通过消防控制器控制卷帘的电机转动，使卷帘下落。在防火卷帘的内外二侧都设有紧急升降按钮的控制盒，该控制盒的作用主要是用于火灾发生后让部分还未撤离火灾现场的人员通过人工按紧急升按钮，把防火卷帘起来，让未撤离现场的人员迅速离开现场；当人员全部安全撤离后再按紧急降按钮，使防火卷帘的卷帘落下。当然，上述这些动作也可以通过消防监控中心对防火卷帘的升降进行控制，在卷帘设备的中间有限位开关，其作用是当卷帘下落到离地面某一限定高度时，例如离地面 1.5m，电机便停止转动，经过一段时间的延迟后，控制卷帘电机重新启动转动，使卷帘继续下落直至到底。

消防控制设备对防火门、防火卷帘系统应有下列控制、显示功能：关闭有关部位的防火门、防火卷帘；发出控制信号，强制电梯全部停于首层；接通火灾事故照明灯和疏散指示灯；切断有关部位的非消防电源；并接收上述反馈信号。

3. 消防广播系统

消防广播又称火灾事故广播，其作用为在发生火灾时通过广播向火灾楼层或整体大厦发出指示，进行通报报警，以引导人们迅速撤离火灾楼层或火灾区域的方向和方法。消防广播系统与大厦的音响及紧急广播系统合用扬声器，但要求在火灾事故发生时立即投入，且设在扬声器处的开关或音量控制不再起作用。火灾事故广播既可选层播，也可对整栋大厦广播，既可用麦克风临时指挥，又可播放预制的录音带。

消防控制设备应按疏散顺序接通火灾报警装置和火灾事故广播。当确认火灾后，警报装置的控制程序如下：二层及二层以上楼层发生火灾，宜先接通着火层及其相邻的上、下层；首层发生火灾，宜先接通本层、二层及地下层；地下层发生火灾，宜先接通地下各层及首层。

4. 消防通信系统

火灾发生后，为了便于组织人员和组织救灾活动，必须建立独立的通信系统用于消防监控中心与火灾报警器设置点及消防设备机房等处的紧急通话。火灾事故紧急电话通常采用集中式对讲电话，主机设在消防监控中心，在大楼的各楼层的关键部位及机房等重地均设有与消防监控中心紧急通话的插孔，巡视人员所带的话机可随时插入插孔进行紧急通话。

消防控制室的消防通信设备应符合下列要求：消防控制室与值班室、消防水泵、配电室、通风空调机房、电梯机房、区域报警控制器及卤代烷固定灭火现场控制装置处之间设置固定的对讲电话；手动报警按钮处宜设置对讲电话插孔；消防控制室内应设置向当地公安消防部门直接报警的外线电话。

5. 消防电源

在火灾发生后，一切救助活动，如自动灭火和排烟等都需要用电，电源是各种消防设备运转的先决条件，尤其是高层楼宇的火灾主要利用自身的消防设施进行自救。但火灾时往往因各种原因，需要停断正常供电运行，这样也就要求所有的消防设备都必须具备两路供电切换的功能。所以，在消防报警系统中需要有一个专用的供电系统，该系统即使在火灾发生时也能正常地独立地工作，能够确保消防报警系统工作时所需要的用电。这样的一个供电系统要求达一级负荷供电，通常采用柴油发电机组作为备用电源。

6. 应急照明

当火灾发生时，电线可能被烧断，有时，火灾就是由电线的短路等原因引起，为了防止灾情的蔓延扩大，必须人为地切断部分电源。在这种情况下，为了保证人员能安全顺利地疏散，在消防联动控制系统中，除了在前面已经介绍的几种联动功能外，还需要设置应急照明和疏散指示标志灯。

消防应急照明系统通常采用火灾应急照明灯。照明设备所使用的电源由柴油发电机组提供，在应急照明配电箱中设有市电和柴油发电机组供电电源的自动切换装置以便在市电被切断的情况下及时提供发电机电源（或蓄电池电源），保证备用电源立即供电。

疏散指示标志灯通常安装在疏散通道、通往楼梯或通向室外的出入口处，并采用绿色标志，安装在门的上部。

7. 安全通道与消防电梯

当发生火灾时，为避免人员因烟雾、毒气的伤亡，可通过安全通道进行紧急疏散直达室外或其他安全处（如避难层、屋顶平台）。

消防电梯是为保存消防人员的体力和运输必要的消防器材，能及时抢救伤员和灭火工作的必备工具。高层楼宇均设有消防电梯，发生火灾时可击碎一层的电梯报警按钮或在其他消防设备动作的情况下进行联动，专供消防人员使用。其他电梯全部迫降一层停止使用。

任务2 火灾自动报警系统实施

一、火灾报警及消防联动控制系统施工图识读与设计要点

1. 智能建筑对火灾自动报警系统要求

按照《智能建筑设计标准》GB/T 50314—2006规定，火灾自动报警系统应符合下列要求：

（1）建筑物内的主要场所宜选择智能型火灾探测器；在单一型火灾探测器不能有效探测火灾的场所，可采用复合型火灾探测器；在一些特殊部位及高大空间场所宜选用具有预警功能的线型光纤感温探测器或空气采样烟雾探测器等。

（2）对于重要的建筑物，火灾自动报警系统的主机宜设有备份，当系统的主用主机出现故障时，备份主机能及时投入运行，以提高系统的安全性、可靠性。

（3）应配置带有汉化操作的界面，操作软件的配置应简单宜操作。

（4）应预留与建筑设备管理系统的数据通信接口，接口界面的各项技术指标均应符合相关要求。

（5）宜与安全技术防范系统实现互联，可实现安全技术防范系统作为火灾自动报警系统有效的辅助手段。

（6）消防监控中心机房宜单独设置，当与建筑设备管理系统和安全技术防范系统等合用控制室时，应符合《智能建筑设计标准》GB/T 50314—2006 第3.7.3条的规定。

（7）应符合现行国家标准《火灾自动报警系统设计规范》GB 50116、《高层民用建筑设计防火规范》GB 50045 和《建筑设计防火规范》GB 50016 等的有关规定。

2. 火灾报警及联动控制系统设计要点

（1）依据设计等级选择报警系统形式

《火灾自动报警系统设计规范》GB 50116—2008 将火灾自动报警系统保护对象分为三个等级，见表3-1。首先按规范确定建筑等级，再选择报警系统形式。

火灾自动报警系统保护对象分级 表3-1

等级	保护对象	
特级	建筑高度超过100m的高层民用建筑	
一级	建筑高度不超过100m的高层民用建筑	一类建筑
	建筑高度不超过24m的民用建筑及建筑高度超过24m的单层公共建筑	1. 200床及以上的病房楼，每层建筑面积1000m²及以上的门诊楼； 2. 每层建筑面积超过3000m²的百货楼、商场、展览楼、高级旅馆、财贸金融楼、电信楼、高级办公楼； 3. 藏书超过100万册的图书馆、书库； 4. 超过3000座位的体育馆； 5. 重要的科研楼、资料档案楼； 6. 省级（含计划单列市）的邮政楼、广播电视楼、电力调度楼、防灾指挥调度楼； 7. 重点文物保护场所； 8. 大型以上的影剧院、会堂、礼堂
	工业建筑	1. 甲、乙类生产厂房； 2. 甲、乙类物品库房； 3. 占地面积或总建筑面积超过1000m²的丙类物品库房； 4. 总建筑面积超过1000m²的地下丙、丁类生产车间及物品库房
	地下民用建筑	1. 地下铁道、车站； 2. 地下电影院、礼堂； 3. 使用面积超过1000m²的地下商场、医院、旅馆、展览厅及其他商业或公共活动场所； 4. 重要的实验室，图书、资料、档案库
二级	建筑高度不超过100m的高层民用建筑	二类建筑
	建筑高度不超过24m的民用建筑	1. 设有空气调节系统的或每层建筑面积超过2000m²、但不超过3000m²的商业楼、财贸金融楼、电信楼、展览楼、旅馆、办公楼，车站、海河客运站、航空港等公共建筑及其他商业或公共活动场所； 2. 市、县级的邮政楼、广播电视楼、电力调度楼、防灾指挥调度楼； 3. 中型以下的影剧院； 4. 高级住宅； 5. 图书馆、书库、档案楼

续表

等级	保护对象	
二级	工业建筑	1. 丙类生产厂房； 2. 建筑面积大于 50m² ，但不超过 1000m² 的丙类物品库房； 3. 总建筑面积大于 50m² ，但不超过 1000m² 的地下丙、丁类生产车间及地下物品库房
	地下民用建筑	1. 长度超过 500m 的城市隧道； 2. 使用面积不超过 1000m² 的地下商场、医院、旅馆、展览厅及其他商业或公共活动场所

注：1. 一类建筑、二类建筑的划分，应符合现行国家标准《高层民用建筑设计防火规范》GB 50045 的规定；工业厂房、仓库的火灾危险性分类，应符合现行国家标准《建筑设计防火规范》GBJ 16 的规定；
　　2. 本表未列出的建筑的等级可按同类建筑的类比原则确定。

根据火灾自动报警系统联动功能的复杂程度及报警系统保护范围的大小，将火灾自动报警系统分为区域报警系统、集中报警系统和控制中心报警系统三种基本形式，见图 3-11 所示。

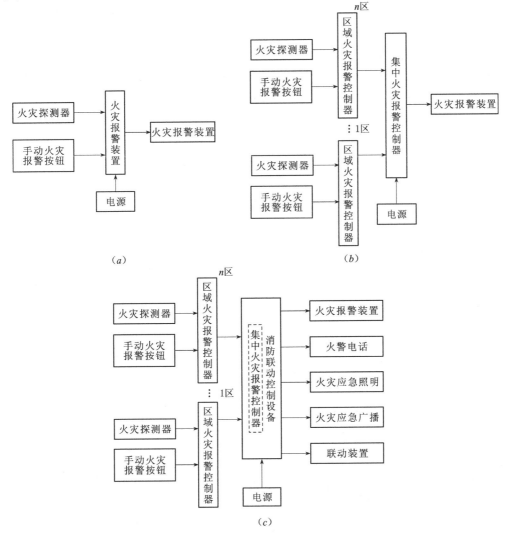

图 3-11　火灾自动报警系统基本形式
（a）区域火灾报警系统；（b）集中火灾报警系统；（c）控制中心报警系统

火灾自动报警系统形式的选择应符合下列规定：区域报警系统宜用于二级保护对象；集中报警系统宜用于一级和二级保护对象；控制中心报警系统宜用于特级和一级保护对象。

探测器与控制器之间连线传输方式一般分多线制和总线制两种。多线制是指每个探测器与控制器之间都有独立的信号回路，探测器之间是相对独立的，所有探测信号对于控制器是并行输入的，这种方法又称点对点连接，一般只用于小用户，如小型歌厅等场所。总线制是指采用2条或以上导线构成总线回路，所有的探测器都并接在总线上，每只探测器都有自己的独立地址码，报警控制器采用串行通信的方式按不同的地址信号访问每只探测器。总线制用线量少，设计施工方便，因此被广泛使用。

（2）确定报警与探测区域

报警区域应根据防火分区或楼层划分。一个报警区域宜由一个或同层相邻几个防火分区组成，但不得跨越楼层。

探测区域应按独立房（套）间划分。一个探测区域的面积不宜超过500m²。红外光束线型感烟火灾探测器的探测区域长度不宜超过100m；缆式感温火灾探测器的探测区域长度不宜超过200m。另外，楼梯间、电梯前室、走道、管道井、建筑物夹层等场所应分别单独划分探测区域。

（3）火灾探测器的选择

火灾探测器根据感应原理分为感烟、感温及光电探测器等，还可根据探测范围分为点式和线性探测器，点式探测器适用于饭店、旅馆、教学楼、办公楼的厅堂、卧室、办公室等，保护面积过大且房间高度很高，如体育场馆、会堂、音乐厅等场所宜用线性探测器。表3-2、表3-3给出了各种探测器适用的场所。

适宜选用和不适宜选用火灾探测器的场所　　　　　　　表3-2

类	型	适宜选用的场所	不适宜选用的场所
感烟探测器	离子式	① 饭店、旅馆、商场、教学楼、办公楼的厅堂、办公室等 ② 电子计算机房、通信机房、电影或电视放映室 ③ 楼梯、走道、电梯机房等 ④ 书库、档案库等 ⑥ 有电气火灾危险的场所	① 相对湿度长期大于95% ② 气流速度大于5m/s ③ 有大量粉尘、水雾滞留 ④ 可能产生腐蚀性气体 ⑤ 产生醇类、醚迷、酮类等有机物质
感烟探测器	光电式	① 饭店、旅馆、商场、教学楼、办公楼的厅堂、办公室等 ② 电子计算机房、通信机房、电影或电视放映室 ③ 楼梯、走道、电梯机房等 ④ 书库、档案库等 ⑤ 有电气火灾危险的场所	① 能产生黑烟 ② 大量积聚粉尘 ③ 可能产生蒸汽和油污 ④ 在正常情况下有烟滞留 ⑤ 存在高频电磁干扰
感温探测器		① 相对湿度经常高于95% ② 可能发生无烟火灾 ③ 有大量粉尘 ④ 在正常情况下有烟和蒸汽滞留 ⑤ 厨房、锅炉房、发电机房、茶炉房、烘干车间、汽车库等 ⑥ 吸烟室、小会议室以及其他不宜安装感烟探测器的厅堂和公共场所	① 房间净高大于8m ② 有可能产生阴燃火 ③ 火灾危险性大，必须早期报警 ④ 温度在0℃以下，不宜选用定温探测器 ⑤ 正常情况下温度变化较大，不宜选用差温探测器

续表

类　型	适宜选用的场所	不适宜选用的场所
火焰探测器	① 火灾时有强烈的火焰辐射 ② 无阴燃阶段的火灾 ③ 需要对火焰作出快速反应	① 可能发生无焰火灾 ② 在火焰出现前有浓烟扩散 ③ 探测器的镜头易被污染 ④ 探测器的"视线"易被遮挡 ⑤ 探测器易受阳光或其他光源直接或间接照射 ⑥ 在正常情况下有明火作业以及 X 射线、弧光等影响
可燃气体探测器	散发可燃气体和可燃蒸气的场所，如乙烯装置、裂解汽油装置、合成酒精装置、高压聚氯乙烯等	除适宜选用场所之外所有场所

根据房间高度选择探测器　　　　　　　　　　表 3-3

房间高度 h（m）	感烟探测器	感温探测器			火焰探测器
		一级	二级	三级	
12 < h ≤ 20	不适合	不适合	不适合	不适合	适合
8 < h ≤ 12	适合	不适合	不适合	不适合	适合
6 < h ≤ 8	适合	适合	不适合	不适合	适合
4 < h ≤ 6	适合	适合	适合	不适合	适合
h ≤ 4	适合	适合	适合	适合	适合

当指定的火灾探测区域比较大时，如何确定火灾探测器的数量，以点式探测器为例，应根据每个火灾探测器的保护范围按下列公式计算：

$$N \geqslant \frac{S}{KA}$$

式中　N —— 一个探测区域内需要设置的探测器的数量（个），取整数；

　　　S —— 一个探测区域的面积（m^2）；

　　　A —— 一个探测器的保护面积（m^2）；

　　　K —— 安全系数，重点保护建筑取 0.7 ~ 0.9，非重点保护建筑取 1.0。

（4）平面布置探测报警设备

探测器设置位置可按下列基本原则考虑：

1）该位置应是火灾发生时烟、热最易到达之处，并能在短时间内积聚的地方。

2）消防管理人员易于检查、维修，而一般人员应不易触及探测器。探测器不易受环境干扰，布线方便、安全美观。

在宽度 3m 以内的走道顶棚上设置探测器时宜居中布置。感温探测器的间距不应超过 10m，感烟探测器的安装间距不应超过 15m。探测器距墙的间距不应大于探测器安装间距的一半。在梁突出顶棚的高度小于 200mm 的顶棚上设置感烟、感温探测器时，可不考虑对探测器保护的影响；当梁突出顶棚的高度超过 200mm 至 600mm 时，可查阅《火灾自动报警系统设计规范》GB 50116—98 中附录 C 表格确定探测器的个数；当梁突出顶棚的高度超过 600mm 时，被梁隔断的每个梁间区域应至少设置一个探测器，或一个探测区。

关于手动报警按钮的设置，要求报警区域内的每个防火分区，至少设置一个手动报警按钮。应安装在大厅、通道、主要公共场所出入口等位置。

（5）线缆选型与布线设计

火灾自动报警系统的传输线路和 50V 以下供电的控制线路，应采用电压等级不低于交流 250V 的铜芯绝缘导线或铜芯电缆。铜芯绝缘导线、铜芯电缆线芯的最小截面面积应满足规范规定。

火灾自动报警系统的传输线路应采用穿金属管、经阻燃处理的硬质塑料管或封闭式线槽保护方式布线。采用经阻燃处理的电缆时，可不穿金属管保护，但应敷设在电缆竖井或吊顶内有防火保护措施的封闭式线槽内。另外火灾自动报警系统的传输网络不应与其他系统的传输网络合用。

3. 火灾报警及联动控制系统施工图纸组成

火灾报警及联动系统施工图是用来说明建筑中火灾报警及联动系统的构成和功能，描述系统装置的工作原理，提供安装技术数据和使用维护依据。常用的火灾报警及联动系统施工图由以下图纸组成。

（1）目录、设计说明、图例、设备材料明细表

图纸目录内容有序号、图纸名称、编号、张数等，一般归到电气施工图总目录中。

设计说明（施工说明）主要阐述工程设计的依据，业主的要求和施工原则，建筑特点，设备安装标准，安装方法，工程等级，工艺要求等及有关设计的补充说明。

图例即图形符号，一般只列出本套图纸中涉及的一些图形符号。表 3-4 为火灾报警与联动系统常用图形符号。

火灾自动报警系统常用图形符号　　　　　　　　　　　　　表 3-4

图形符号	说　明	图形符号	说　明
	编码感烟探测器		消防泵、喷淋泵
	普通感烟探测器		排烟机、送风机
	编码感温探测器		防火、排烟阀
	普通感温探测器		防火卷帘
	煤气探测器		防火室
	编码手动报警按钮	T	电梯迫降
	普通手动报警按钮		空调断电
	编码消火栓按钮		压力开关
	普通消火栓按钮		水流指示器
	短路隔离器		湿式报警阀

续表

图形符号	说　明	图形符号	说　明
⊓	电话插口	⊠	电源控制箱
⊢	声光报警器	⌂	电话

设备材料明细表列出了该项工程所需要的设备和材料的名称、型号、规格和数量，供设计概算和施工预算时参考。

（2）系统工作原理框图

火灾报警及联动系统框图是用来说明系统的工作原理，以框图形式表示，对系统的调试与维护具有一定指导作用。典型的火灾报警及联动控制系统框图如图3-11所示。

（3）系统图

火灾报警与联动系统图是表现工程的分配控制关系、设备运行情况和供电方式的图纸，从系统图可以看出工程的概况。系统图只表示电气回路中各元件的连接关系，不表示元件的具体情况、具体安装位置和具体接线方法。典型的火灾报警及联动系统图如图3-14所示。

（4）平面图

火灾报警与联动系统平面图是表示设备、装置与线路平面布置的图纸，是进行设备安装的主要依据。是以建筑总平面图为依据，在图上绘出设备、装置及线路的安装位置、敷设方法等，如图3-13所示气体灭火系统平面图。平面图采用了较大的缩小比例，不表现设备的具体形状，只反映设备的安装位置、安装方式和导线的走向及敷设方法等。

（5）消防设备电气控制原理图

消防设备电气控制原理图是表现消防设备或设施电气控制的工作原理图纸，如排烟风机的电气控制、自动喷淋水泵一用一备的电气控制、卷帘门的电气控制等等。电气原理图不能表明电气设备和器件的实际安装位置和具体的接线，但可以用来指导电气设备和器件的安装、接线、调试、使用与维修。如图3-12所示为排烟风机电气控制电路图。

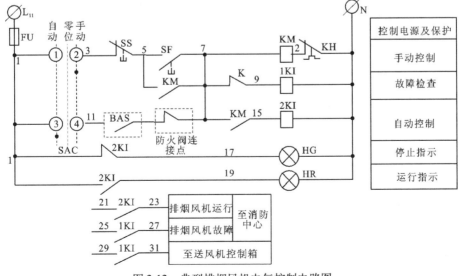

图3-12　典型排烟风机电气控制电路图

本书重点介绍火灾报警及联动系统施工图中的系统图和平面图，以实例图识读方式介绍，有关消防设备的电气控制可参照相关电气控制技术类书籍。

4. 火灾报警及联动系统图识读

火灾报警及联动系统图是表示系统中设备和元件的组成、设备和元件之间相互的连接关系，读图时与平面图结合起来，系统图的识读，对于指导安装施工有着重要的作用。

系统图的绘制是根据报警联动控制器厂家产品样本，再结合建筑平面设置的探测器、手动报警按钮等设备的数量画出系统图，并进行相应的标注：如每处导线根数及走向、每楼层每种设备的数量、所对应的楼层数等。我们以两个典型的例子来说明如何识读系统图及平面图。

【例3-1】多线制火灾报警与气体灭火控制施工图，如图3-13所示。

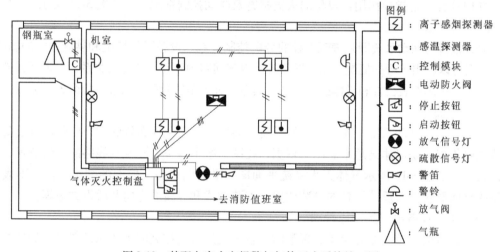

图3-13　某配电房火灾报警与气体灭火系统施工图

本图识读要点如下：

（1）本系统采用的是多线制报警控制方式，即每一个探测报警点与控制器的接线端子相连接。多线制系统适用于小系统，如独立设置的小型歌厅、酒吧等，以及采用气体灭火的配电房、机房等。该实例是设置在某配电房的气体灭火系统。

（2）由报警控制器引出线路可看出，报警控制回路共有9路，每一路探测器、警铃等设备的数量在图中标注出来。

（3）设备的平面布置如图，探测器吸顶安装，警铃、信号灯等壁挂安装。

【例3-2】总线制火灾自动报警及联动控制系统图，如图3-14所示。

本图识读要点如下：

（1）本系统采用总线报警、总线控制方式，报警与联动控制合用总线；

（2）从图中可以看出，该消防中心设有火灾报警联动控制器、CRT显示器、消防广播及消防电话；

（3）该报警控制器可用2～80个总线回路，每个回路198个报警地址点。可依据大厦报警控制点规模选用回路数量，即可每层楼的报警控制信息点共用一条回路，也可每两层或以上楼层的报警控制信息点共用一条回路。

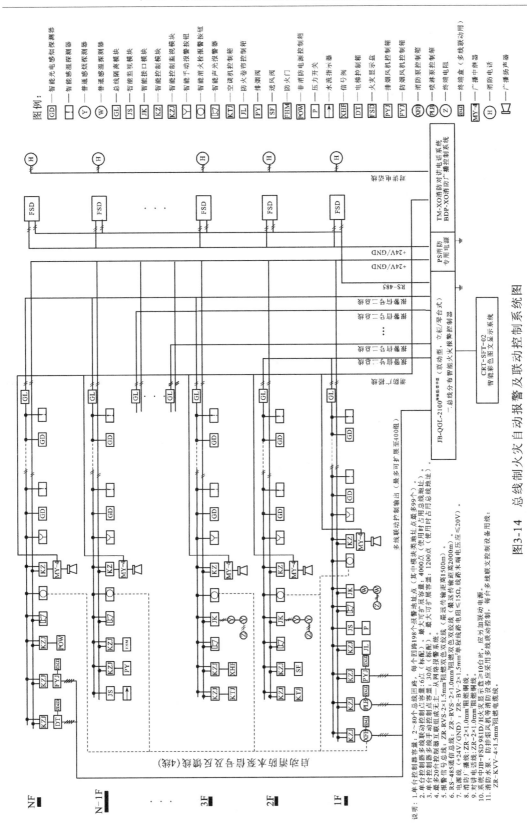

图3-14 总线制火灾自动报警及联动控制系统图

105

（4）每一层楼都分别装有楼层火灾显示器 FSD，与报警控制器通信连接；

（5）自动报警每一回路可装设感烟探测器、感温探测器、水流指示器、消防栓按钮、手动报警按钮等，设备的数量由相应平面图确定；

（6）联动控制也为总线输出，通过控制模块与设备连接，被联动控制的有消防泵、喷淋泵、正压送风机、排烟风机、防火阀等；

（7）输出的报警装置有声光报警器、消防广播等。

【课堂练习】

针对图 3-13、图 3-14，在教师指导下，参照表 3-5 形式，以楼层为单位，列出设备材料表，设备数量由平面图计量，暂不计。

某配电房火灾报警设备分布表　　　　　　　　　　　　　　表 3-5

大楼层次 \ 设备	感温探测器（个）	感烟探测器（个）						
配电房								
1F								
2F								

二、火灾自动报警系统设备安装

1. 火灾自动报警设备安装一般要求

为了确保火灾报警及联动控制系统的正常运行，并提高其可靠性，不仅要合理地设计，还需要正确地安装、操作使用和经常维护。不管设备如何先进、设计如何完善、设备选择如何正确，假若安装不合理、管理不完善或操作不当，仍然会经常发生误报或漏报，容易造成建筑物内管理的混乱或贻误灭火时机。

火灾自动报警设备安装一般要求如下。

（1）火灾自动报警系统施工安装的专业性很强，施工安装必须经有批准权限的公安消防监督机构批准，并由有许可证的安装单位承担。

（2）安装单位应按设计图纸施工，如需修改应有原设计单位文字批准手续。

（3）火灾自动报警系统的安装应符合《火灾自动报警系统安装使用规范》的规定，并满足设计图纸和设计说明书的要求。

（4）火灾自动报警系统的设备应选用经国家消防电子产品质量监督检验测试中心检测合格的产品。

（5）火灾自动报警系统的探测器、监视控制模块、控制器及其他所有设备，安装前均应妥善保管，防止受潮、受腐蚀及其他破坏，安装时应避免机械损伤。

（6）施工单位在施工前不仅应具有（通常由设计院提供）火灾自动报警系统平面图、系统图，还应具有（通常由产品厂家提供）报警设备安装尺寸图、接线图以及一些必要的设备安装技术文件。

（7）系统安装完毕后，安装单位应提交变更设计部分的实际施工图、安装技术记录、检验报告、安装竣工报告等。

2. 火灾自动报警设备安装

通常来讲，火灾自动报警设备的种类、型号、厂家不同，其安装接线有很大的不同，安装前一定要详看厂家提供的产品说明书及接线图。下面举例两个具体厂家、型号的产品，介绍其安装接线[6]。

【例3-3】选用深圳某公司生产的智能（编码）探测器和常规（普通）探测器安装接线图。如图3-15。

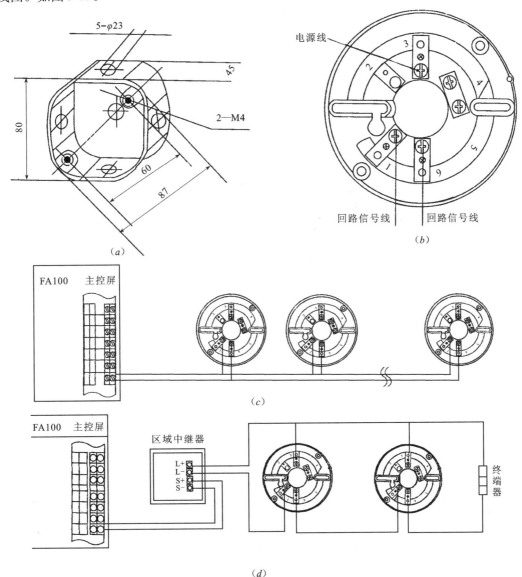

图3-15 智能探测器和常规探测器安装接线图
（a）探测器预埋盒的安装尺寸；（b）底座端子接线；（c）一个回路中多只智能探测器串联连接；
（d）一个回路中多只常规探测器并联连接

通常来讲，火灾探测器的安装一般主要由预埋盒、底座、探测器三个部分组成。首先安装预埋盒及穿管布线，安装探测器底座时，将预先剥好线芯的导线连接在探测器底座各对应的接线端子上。

【例3-4】选用深圳某公司生产的智能控制模块安装接线图。如图3-16所示。

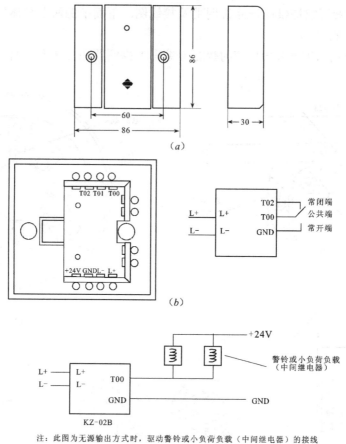

（a）

（b）

注：此图为无源输出方式时，驱动警铃或小负荷负载（中间继电器）的接线

（c）

图3-16　智能控制模块安装接线图
（a）KZ-02B 型控制模块的外形尺寸；（b）KZ-02B 型控制模块的接线端子；
（c）KZ-02B 型控制模块与被控设备的接线

　　该模块用于火灾报警控制器向外部受控设备发出控制信号，驱动受控设备动作。报警器发出的动作指令通过继电器触点来控制现场设备以完成规定的动作；同时将动作完成信息反馈给报警器。它是联动控制柜与被控设备之间的桥梁，适用于排烟阀、风机、喷淋泵、警铃等。

　　图3-16中符号解释：

　　L＋、L－：与控制器信号二总线连接的端子，有极性。

　　＋24V、GND. 接 DC24V 电源端子。

　　T00、T02、GND. 模块常开、常闭接线端子。

　　布线要求：信号总线（L＋、L－）宜用双色双绞多股阻燃塑料软线（如 ZR－RVS－$2 \times 1.5\text{mm}^2$）；采用穿金属管（线槽）或阻燃 PVC 管敷设；＋24V、GND 电源线宜选用截面积大于 1.5mm^2 的铜线。

单 元 小 结

　　智能建筑火灾自动报警及消防设备联动系统是本书的重点之一。火灾自动报警及消防设备联动系统是一套规模庞大的系统，尤其是消防设备联动系统，由若干子系统构成。本单元共分两个任务。任务一是按照火灾自动报警及消防设备联动系统各子系统组成分类分别论述，主要讲解了子系统组成、工作原理及典型设备，其目的是让学生对整个系统的功能有整体认识。任务二是根据前面各子系统分析后，重点论述如何实现火灾自动报警系统，从工程实施方面进行了论述。

　　通过本单元理论知识的学习和基本技能实训，明白火灾自动报警及消防设备联动系统的相关规范、工程设计及施工的基本内容和基本方法，学会识读火灾自动报警系统施工图，熟悉设备接线，为从事消防设计和施工打下基础。

技能训练6　火灾自动报警系统线路实施

一、实训目的

1. 掌握火灾自动报警系统工作原理；

2. 熟悉火灾自动报警系统常用设备、元件；

3. 能根据产品说明书，搭建一个基本的火灾自动报警系统线路；

4. 能调试基本报警功能。

二、实训所需材料、设备

1. 选用典型火灾自动报警控制器；

2. 选用典型火灾探测器、报警按钮等。

三、实训内容、步骤

1. 根据选用设备，设计并绘制报警系统原理结构图；

2. 根据原理图及设备接线说明书，完成报警系统接线；

3. 设置报警功能；

4. 完成实训报告。

四、实训报告

1. 画出火灾自动报警系统原理结构图；

2. 列出你所调试设置的报警功能；

火灾自动报警系统功能设置

报警功能	是否设置	报警功能	是否设置

3. 列出所用报警设备清单。

火灾自动报警系统设备清单

序号	设备名称	规格型号	数量	备注

思 考 题 与 习 题

一、单项选择题

1. 起到灭火作用的消防子系统是_____。

A. 火灾报警系统　　　B. 消火栓系统　　　C. 防排烟系统　　　D. 防火卷帘

2. 感温探测器适合装在下列哪个场所_____。

A. 办公室　　　　　　B. 酒店客房　　　　C. 地下停车库　　　D. 体育场馆

3. 气体灭火系统适用于下列哪个场合_____。

A. 地下停车库　　　　B. 体育场馆　　　　C. 办公室　　　　　D. 变配电房

4. 物业公司对其管辖物业的消防设备_____。

A. 禁止擅自更改　　　　　　　　　　B. 可根据用户要求更改

C. 可根据上级领导要求更改　　　　　D. 可根据物业实际情况自行更改

5. 下列哪个灭火介质不能用_____。

A. 水　　　　　　　　B. 油　　　　　　　C. 无毒气体　　　　D. 粉末

6. 火灾发生时，当卷帘下落到离地面某一限定高度时，例如离地面1.5米时_____。

A. 卷帘门继续下落直至到底

B. 火灭后继续下落直至到底

C. 停止在此处，便于人们疏散

D. 停止并经过短时延迟后，卷帘再继续下落直至到底。

7. 见图3-6消火栓灭火系统示意图，图中细实线表示_____。

A. 消火栓水管网　　　B. 报警控制信号线　　C. 报警系统电源线　　D. 无具体指向

8. 见图3-7自动喷水灭火系统示意图，图中粗实线表示_____。

A. 喷淋水管网　　　　B. 报警控制信号线　　C. 报警系统电源线　　D. 无具体指向

二、简答题

1. 简述自动喷水系统的工作原理。

2. 简述气体灭火系统的工作原理。

三、技能训练

参照本书工程实例3、4，针对火灾自动报警系统施工图识图。

单元4　智能建筑安全防范系统

【本单元要点】安全技术防范系统是智能建筑的公共安全系统，为应对非法侵入等危害人们生命财产安全的各种突发事件，建立起应急及长效的技术防范保障体系。学习本单元要求掌握入侵报警、视频监控等系统设备设施、工作原理等知识，能够识读入侵报警、视频监控等系统施工图表，掌握基本的安装施工技能。

教学导航

教	重点知识	1. 入侵报警、视频监控系统组成、工作原理及作用。 2. 各种报警探测器的选用及设置。 3. 识读入侵报警、视频监控系统图、平面图。 4. 重点讲解入侵报警、视频监控系统，可举一反三其他防范系统
	难点知识	1. 入侵监控系统防区划分与系统设置。 2. 视频监控系统中的矩阵控制
	推荐教学方式	对重点知识处理： 1. 通过动画、视频深入浅出讲解入侵报警、视频监控系统组成、工作原理及作用。 2. 参照相关设计规范讲解报警探测器、摄像机的选用及设置。 3. 完成技能训练7、8，巩固知识的掌握。 4. 参照书后工程实例3和实例4，讲解若干安防施工图纸，使学生对概念清楚。 对难点知识处理： 1. 应用多媒体课件，通过动画、视频讲解入侵报警、视频监控系统工作原理。 2. 通过实训让学生掌握基本的入侵监控系统防区划分与系统设置
	建议学时 （12学时）	理论6学时：参照本书电子版单元4课件
		实践6学时：参照本书技能训练7、8
学	推荐学习方法	1. 各种报警探测器可在相关网址搜索大量产品资料，阅读安全防范系统相关设计规范，探测器的选择及布置规范均有规定。 2. 通过实训动手操作，掌握系统产品的应用。 3. 巩固知识概念，完成本单元课后练习，并做自主评价，参考答案参照本书电子版单元4习题答案
	必须掌握的 理论知识	1. 熟悉并掌握入侵报警、视频监控、出入口控制系统组成、工作原理及作用。 2. 熟悉并掌握上述系统设计要点
	必须掌握的技能	1. 能识读入侵报警、视频监控系统图、平面图。 2. 能进行基本的入侵报警、视频监控、出入口控制系统线路接线、调试

安全防范系统一般由三部分组成，即：物防、人防、技防。物防即物理防范或称实体防范，它是由能保护防护目标的物理设施（如防盗门、窗、铁柜）构成，主要作用是阻挡和推迟罪犯作案，其功能以推迟作案的时间来衡量。人防即人力防范，是指能迅速到达

现场处理警情的保安人员。技防即技术防范，是由自动探测、识别、报警、信息传输、控制、显示等技术设施所组成，其功能是迅速将监控信息传送到指定地点。一个安全防范系统是否有效是由物防、技防、人防的有机结合决定的，三者是否有机结合关键在"管理"，保证安全防范系统的有效性。

1. 安全防范保护对象

物业管理中的安防工作管理方式主要有封闭式管理和开放式管理。另外也有将这两种结合起来的管理方式。

（1）封闭式管理

封闭式管理适用于办公单位、住宅小区等物业。其特点是整个物业为封闭体系，入口有保安人员每天 24 小时看守，住户有通行证件，外来人员须征得住户同意并办理登记手续方可入内。

（2）开放式管理

开放式管理适用于商业楼宇、车站、机场等场所。用户无需办理通行证件，外来人员也可自由进出。

一个完整的安防系统要提供以下三个层次的保护：

（1）外部入侵保护

外部入侵保护是为了防止无关人员从外部侵入，譬如说防止罪犯从门、窗户、通风管道等部位侵入楼内。因此，这一道防线的目的是把罪犯排除在所防卫区域之外。

（2）区域保护

如果罪犯突破了第一道防线，进入楼内，保安系统则要提供第二个层次的保护：区域保护。这个层次保护的目的是探测是否有人非法进入某些区域。

（3）目标保护

第三道防线是对特定目标的保护。如保险柜、重要文物等均列为这一层次的保护对象。这是在前两道防卫措施都失效后的又一项防护措施。

无论是封闭式管理还是开放式管理的物业，都可采用这三个层次的保护，只是依据物业的特点使其侧重点不同。例如，开放式物业不使用外部入侵保护方式。

2. 安全技术防范系统组成

上述三道防线的保护，从技术安防系统的角度考虑可分别由若干安防子系统实现。例如，外部入侵保护可采用出入口控制系统、车辆出入口控制系统、周界入侵报警系统等；区域保护可采用入侵报警系统、视频监控系统等；目标保护可采用针对目标设计的入侵报警系统等。由此，常用技术安防系统主要分为三个部分：

（1）出入口控制系统

（2）入侵报警系统

（3）视频监控系统

除此之外，在此基础上衍生出周界防护入侵报警系统、电子巡查系统、访客对讲系统和停车库管理系统等。这些系统由计算机协调起来共同工作，构成集成化安全防范系统，进行实时、多功能的监控，并能对得到的信息进行及时的分析与处理，实现高度的安全防范目的。一个基本的安全防范监控系统如图 4-1 所示。

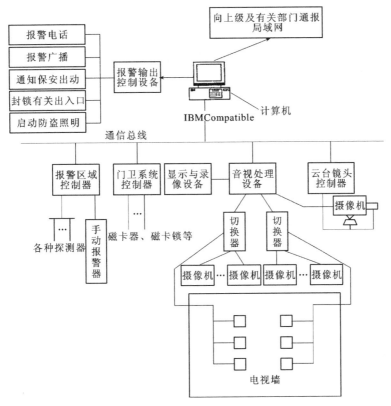

图 4-1　安全防范系统基本结构图

任务 1　出入口控制系统

1. 出入口控制系统的基本结构及工作过程

出入口控制系统也叫门禁管制系统，通常由三部分组成：

（1）出入凭证的检验装置

出入凭证的检验装置目前用得最多的是读卡器，还有的采用授权密码检验。其主要功能是通过对出入凭证的检验，判断出入人员是否有授权出入。只有进入者的出入凭证正确才予以放行，否则将拒绝其进入。

（2）出入口控制器

出入口控制器可根据保安密级要求，设置出入门管理法则。既可对出入者按多重控制原则进行管理，也可对出入人员实现时间限制等，对整个系统实现控制。并能对允许出入者的有关信息，出入检验过程等进行记录，还可随时打印和查阅。

（3）出入口自控锁

出入口自控锁，由控制主机控制，根据出入凭证的检验结果来决定启闭，从而最终实现是否允许出入者出入。

出入口控制系统一般具有如图 4-2 的结构。它包括 3 个层次的设备。底层是直接与人员打交道的设备，有读卡机、电子门锁、出口按钮、报警传感器和报警喇叭等。这些设备将相关信息发送到控制器，控制器接收底层设备发来的信息，同自己存储的信息相比较以作出判断，然后再发出处理（开锁、闭锁等）的信息。单个控制器就可以组成一个简单的门禁系统，用来管理一个或几个门。多个控制器通过通信网络与计算机连接起来就组成了整个建筑的门禁系统。计算机装有门禁系统的管理软件，它管理着系统中所有的控制器，完成系统中所有信息的分析与处理。

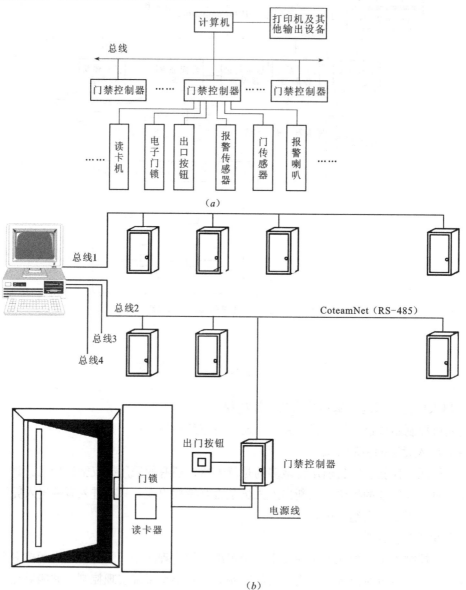

图 4-2　出入口控制系统
（a）出入口控制系统基本结构；（b）出入口控制系统示意图

　　出入口控制系统的工作过程：读卡器读卡时，将卡上信息送给控制器，根据卡号，当前时间和已登记储存的信息，控制器将判断正在识别的卡的有效性，并控制电子门锁的开启。控制器所记录的卡号、登记时间、是否注册、是否有效等信息、门的状态信息，都显示在计算机上。

2. 读卡机的种类

出入口控制系统所用主要设备之一就是读卡器，即出入凭证的检验装置。常用的读卡器类型如下：

（1）以各种卡片作为出入凭证

是目前最常用的读卡器。卡片由于轻便、易于携带而且不宜被复制，使用起来安全方便，是传统钥匙理想的替代品，卡片分有磁码卡、条码卡、IC 卡等。在出入口控制系统中，常用的是 IC 卡，可分为接触式 IC 卡和非接触式 IC 卡。

（2）以人体生物特征作为判别凭证

利用每个人唯一的人体生物特征如指纹、掌纹、视网膜、声音等作为判别凭证。其中指纹、掌纹、视网膜是利用光学摄像图像对比技术，声音是利用音频对比技术实现。

（3）以输入密码为凭证

以输入密码为凭证的读卡器上需要有固定键盘。

3. 出入口控制系统的功能

（1）设定卡片权限

进出口控制系统可以设定每个读卡机的位置，指定可以接受哪些通行卡的使用，编制每张卡的权限，即每张卡可进入哪道门，何时进入，需不需要密码。系统可跟踪任何一张卡，并在读卡机上读到该卡时就发出报警信号。

（2）设定每个电动锁的开启时间

（3）能实时收到所有读卡的记录

（4）实时监测门的状态

通过设置门磁开关等传感器，实时监测门当前状态，如门在设定范围内出现异常，则系统会发出警报信号。

（5）当接到消防报警信号时，系统能自动开启电动锁，保障人员疏散。

任务2　入侵报警系统

一、入侵报警系统的组成及功能

1. 入侵报警系统的基本结构

一般入侵报警系统由入侵探测器、控制器和报警监控中心组成。如图4-3所示，其结构组成如下。

（1）报警探测器

又称报警传感器。按各种使用目的和防范要求，在报警系统的前端安装一定数量的各种类型探测器，负责监视保护区域现场的任何入侵活动。如红外传感器、门磁等。

（2）报警控制器

又称报警主机。是用于连接报警探测器，判断报警情况，管理报警事件的专用设备。报警主机具有对防区分区设置与管理能力，对探测信号进行分析，对设防区域进行撤/布防操作，产生报警事件等，是整个安全系统的核心。

（3）报警监控中心

通常一个区域报警控制器、探测器加上声光报警设备就可以构成一个简单的报警系统。但对于整个智能楼宇来说，还必须设置安保控制中心，能起到对整个报警系统的管理和系统集成作用。报警监控中心负责监视从各种保护区域送来的探测信息，通常为实现区域性的防范，把几个需要防范的区域连接到一个报警监控中心，便于管理。

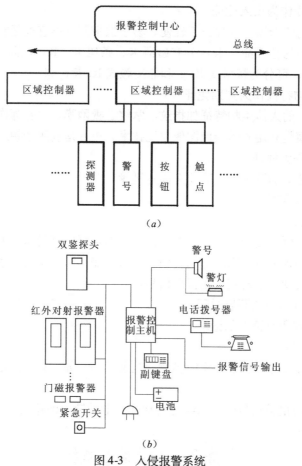

图 4-3　入侵报警系统
（a）入侵报警系统基本结构；（b）入侵报警系统示意图

2. 入侵报警系统常用设备

在入侵报警系统中需要采用不同类型的探测器，以适应不同场所、不同环境、不同地点的探测要求。根据探测器传感的原理可分为下列各种类型：

（1）开关报警器

开关报警器是一种可以把防范现场传感器的位置或工作状态的变化转换为控制电路通断的变化，并以此来触发报警电路。由于这类报警器的传感器工作状态类似于电路开关，因此称为"开关报警器"，可分为如下类型：

1）磁控开关型　磁控开关由带金属触点的两个簧片封装在充有情性气体的玻璃管（也称干簧管）和一块磁铁组成，如图 4-4（a）所示。使用时，通常将磁铁安装在被防范物体（如门、窗）的活动位，把干簧管装在固定部位（如门框、窗框）。在设防状态下，若门窗被强行打开或遭破坏使门窗开启超过 10mm 时，干簧管触点断开，控制器立即产生断路报警信号。

2）微动开关型　微动开关是一种依靠外部机械力的推动实现电路通断的电路开关，如按钮报警开关。其结构如图4-4（b）所示。

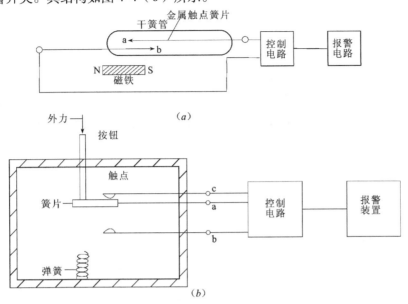

图 4-4　开关报警器结构示意图
（a）磁控开关报警器结构示意图；（b）微动开关报警器结构示意图

（2）红外线报警器

利用红外线能量的辐射及接收技术构成的报警装置称为红外线报警器，是目前最常用的报警器，可分为主动式和被动式两种类型。

1）主动式红外报警器　主动式红外报警器是由收、发装置两部分组成。红外发射装置向红外接收装置发射一束红外光束，此光束如被遮挡，接收装置就发出报警信号。

2）被动式红外报警器　被动式红外报警器不向空间辐射任何形式的能量，而是利用人体具有的红外辐射，如果在防范区发生红外辐射能量的变化，探测器即发出报警信息。

（3）玻璃破碎报警器

玻璃破碎报警器一般是粘附在玻璃上，利用振动传感器（开关触点形式）在玻璃破碎时产生的2kHz特殊频率，感应出报警信号。而对一般行驶车辆或风吹门、窗时产生的振动信号没有响应。

（4）微波报警器

微波报警器是利用超高频的无线电波来进行探测的。探测器发出无线电波，同时接收反射波，当有物体在探测区域移动时，反射波的频率与发射波的频率有差异，两者频率差称为多普勒频率。探测器就是根据多普勒频率来判定探测区域中是否有物体移动的。由于微波的辐射可以穿透水泥墙和玻璃，通常适合于开放的空间或广场。

（5）声控报警器

声控报警器用微音器做传感器，用来监测入侵者在防范区域内走动或作案活动时发出的声响（如启、闭门窗，拆卸、搬运物品及撬锁时的声响），并将此声响转换为电信号经传输线送入报警主控制器。此类报警电信号即可供值班人员对防范区进行直接监听或录音，也可同时送入报警电路，在现场声响强度达到一定电平时启动报警装置发出声光报警。

（6）双鉴报警器

双鉴报警器产生的起因是由于单一类型的探测器误报率较高，多次误报将会引起人们的思想麻痹，产生了对防范设备的不信任感。为了解决误报率高的问题，人们提出互补探测技术方法，即把两种不同探测原理的探头组合起来，进行混合报警。如超声波和被动红外探测器组成的双鉴报警器、微波和被动红外探测器组合的双鉴报警器等。

常见报警探测器见图4-5所示。

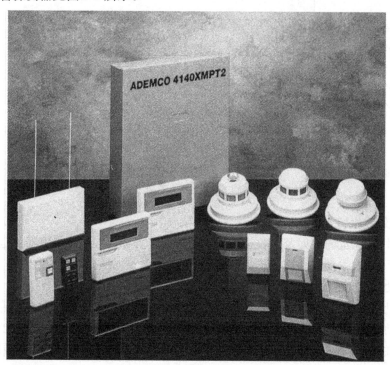

图4-5　常见报警探测器

3. 入侵报警控制系统功能

一般的报警控制器具有以下几方面的功能：

（1）布防与撤防

在正常工作时，工作人员频繁出入探测器所在区域，报警控制器即使接到探测器发来的报警信号也不能发出报警，这时就需要撤防；下班后，需要布防，如果再有探测器的报警信号进来，就要报警了。报警控制器一般都带有键盘来完成上述设定。

（2）布防后的延时

如果布防时，操作人员正好在探测区域之内，那么布防就不能马上生效，这需要报警控制器能够延时一段时间，等操作人员离开后再生效。这是报警控制器的延时功能。

（3）防破坏

如果有人对线路和设备进行破坏，报警控制器也应当发出报警。常见的破坏是线路短路或断路。报警控制器在连接探测器的线路上加上一定的电流，如果断线，则线路上的电流为零，有短路则电流大大超过正常值，这两种情况中任何一种发生，都会引起控制器报警，从而达到防止破坏的目的。

【入侵报警系统常用术语】

（1）防区（ZONE） 指一个可以独立识别的安全防范区域，报警系统控制主机一般是以带有几路防区作为报警输入路数进行划分的。防区：即防范区域。

（2）布防（ARM） 对防区内的报警探测器的触发报警输出作出报警反映，对报警事件进行处理的工作状态。

（3）撤防（DISARM） 对部分防区停止对报警事件的反映和处理工作。

（4）出入防区 又可称为延时防区。主要用于出入口路线，如正门、走廊、主要出入口，在布防后产生一个外出延时，在规定时间内不触发报警，但一旦超过规定时间，马上起作用的防区。如门磁探测器。

（5）周界防区 用于建筑物四周或门窗的防护，布防后立即起作用的防区。如主动红外探测器等。

（6）立即防区 设在建筑内，一旦布防立即起作用的防区。如被动红外探测器、双鉴探测器等。

（7）24h防区（24小时防区） 不论是否布防，在任何时候均起作用的防区。如紧急按钮、烟感探测器、瓦斯探测器等。

（8）管理软件（网络报警中心软件） 报警主机通过串行通讯口连接计算机，计算机上运行的软件能够根据从报警主机接收到的报警事件并参照在计算机软件中设置的防区参数对防区进行报警消息显示，撤/布防状态，对报警主机进行远程撤/布防，巡更管理，锁匙开关控制等功能。网络报警中心软件的使用依赖于报警主机以及报警主机中的参数设置。

（9）报警主机报警事件

报警主机被触发报警后，不仅会根据报警主机中的参数设置在报警主机上对报警事件进行处理，还会通过串行通讯模块发送主机事件报告给网络报警中心软件。

二、入侵报警系统施工图识读与设计要点

1. 入侵报警系统设计要点

（1）依据设计要求确定防范区域与探测区域

首先分析设防区域和部位，设防区域一般场所分类如表4-1所示。

设防区域分类 表4-1

设防区域类别		设 防 区 域
周界	外周界	建筑物单体外围、建筑物群体外层、建筑物周边外墙等
	内周界	建筑物单体内层、建筑物群体内层、建筑物地面层、建筑物顶层及墙体、地板或天花板等
人员车辆出入口	正常出入口	建筑物及建筑物群周界出入口、建筑物地面层出入口、建筑物内或楼群间通道出入口、安全出口、疏散出口等
	非正常出入口	建筑物门、窗、天窗、通风道、电缆井（沟）、给排水管道等

设防区域类别	设 防 区 域
通道	周界内主要通道、门厅（大堂）、楼内各楼层内部通道、各楼层电梯厅、自动扶梯口等
公共区域	营业场所外厅、重要部位外厅或前室、会客厅、商务中心、购物中心、会议厅、多媒体教室、功能转换层、避难层
重要部位	贵重物品展览厅、营业场所内厅、档案资料室、保密室、重要工作室、财务出纳室、建筑机电设备监控中心、楼层设备间、信息机房、重要物品库、保险柜、监控中心等

防范区域（以下简称防区）划分可以是一个楼层、或几个房间、或一个房间，每个防区可包含任意数量的报警点，通过报警管理软件可按时间监控和操作各区域的布/撤防、报警点等。

探测区域应按独立房（套）间划分。一个探测区域的面积由具体规格型号的探测器的技术参数决定，选择的入侵探测器其探测灵敏度及覆盖范围应满足使用要求，防范区域应在入侵探测器的有效探测范围内，防范区域内应无盲区。采用多种技术的入侵探测器交叉覆盖时，应避免相互干扰。

（2）探测器的选择与布置

现场报警控制器宜采用壁挂式安装，宜安装在隐蔽安全的位置。

不同场所选择探测器种类见表4-2，各种探测器的安装及设计要求见表4-3。

探测器的选择　　　　　　　　　　　　　　　　　　　表 4-2

探测区域或部位		探 测 器 种 类
周界的探测器选型	规则的外周界	主动式红外探测器、微波墙式探测器、激光式探测器、光纤式周界探测器、振动电缆探测器、泄露电缆探测器、电场线感应式探测器等
	不规则的外周界	光纤式周界探测器、长导体电体断裂原理探测器、振动电缆探测器、泄露电缆探测器、电场线感应式探测器、高压电子脉冲式探测器等
	无围墙（栏）的外周界	主动式红外探测器、微波墙式探测器、激光式探测器、泄露电缆探测器、电场线感应式探测器、高压电子脉冲式探测器等
	内周界	振动探测器、声控振动双技术玻璃破碎探测器等
出入口的探测器选型	人员车辆等正常出入口	多普勒微波探测器、被动红外探测器、超声波探测器、声控探测器、视频探测器、微波红外双技术探测器、超声波红外双技术探测器、磁控开关等
	其他非正常出入口	多普勒微波探测器、被动红外探测器、超声波探测器、声控探测器、视频探测器、微波红外双技术探测器、超声波红外双技术探测器、声控玻璃破碎探测器、振动探测器、磁控开关、短导电体的断裂原理探测器等
通道的探测器选型		多普勒微波探测器、被动红外探测器、超声波探测器、声控探测器、视频探测器、微波红外双技术探测器、超声波红外双技术探测器等
公共区域的探测器选型		多普勒微波探测器、被动红外探测器、超声波探测器、声控探测器、视频探测器、微波红外双技术探测器、超声波红外双技术探测器、报警紧急装置等
重要部位的探测器选型		多普勒微波探测器、被动红外探测器、超声波探测器、声控探测器、视频探测器、微波红外双技术探测器、超声波红外双技术探测器、振动探测器、声控振动双技术玻璃破碎、磁控开关、报警紧急装置等

表4-3

常用探测安装设计要点

名称	适应场所与安装方式		主要特点	安装设计要点	适宜工作环境和条件	不适宜工作环境和条件	宜选用含下列技术器材
被动红外入侵探测器	室内空间型	吸顶	被动式（多台交叉使用互不干扰，功耗低，可靠性较好）	小于安装，距地宜小于3.6m	日常环境噪声，温度在15~25℃时探测效果最佳	背景有热气流变化，如冷热气流、强光反射等；背景温度接近人体温度；强电磁场干扰；小动物频繁出没场合等	自动温度补偿技术；抗小动物遮挡技术；防遮挡技术；抗强光干扰技术；智能鉴别技术
		壁挂		距地2.2m左右，视场中心与可能人侵方向成90°			
		幕帘					
		楼道		距地2.2m左右，视场面对楼道			
微波被动红外双技术探测器	室内空间型	吸顶	误报警少（与被动红外探测器相比），可靠性较好	水平安装，距地宜小于4.5m	日常环境噪声，温度在15~25℃时探测效果最佳	背景温度接近人体温度；强电磁场干扰；小动物频繁出没场合等	双-单转换型，自动温度补偿技术；抗小动物遮挡技术；防遮挡技术；智能鉴别技术
		壁挂		距地2.2m左右，视场中心与可能人侵方向成45°			
		楼道		距地2.2m左右，视场面对楼道			
声控单技术玻璃破碎探测器	室内空间型，吸顶、壁挂等		被动式，仅对玻璃破碎高频声响敏感	应尽量靠近要保护玻璃附近的墙壁或天花板上，夹角不大于90°	日常环境噪声	环境嘈杂，附近有金属打击声、汽笛声、电铃等高频声响	智能鉴别技术
声控次声玻璃破碎探测器	室内空间型		误报警少（与声控单技术玻璃破碎探测器相比），可靠性较高	室内任何地方，但需满足探测器的探测半径要求	警戒空间要有较好的密封性	简易或密封性不好的室内	智能鉴别技术
多普勒微波入侵探测器	室内空间型，壁挂式		不受声、光、热的影响	距地1.5m~2.2m左右，严禁对着房间的外墙、外窗	可在环境噪声较强，光变化、热变化较大的条件下工作	有活动物和可能活动物，微波波段高频电磁场环境，防护区域内有过于厚的物体	平面天线技术，智能鉴别技术
开关、速度振动探测器	室内、室外		灵敏度高，被动式	距地2~2.4m（墙体安装，室外埋入地下10cm左右，与建筑实体一体化）	远离振源（1~3m以上）	地质板结的冻土或土质松软的泥土地	须配置具有信号比较和鉴别技术的分析器
压电式振动玻璃破碎探测器	室内、室外		被动式	墙壁、天花板、玻璃，室外地面表层物下面、保护栏网或桩柱	远离振源（1~3m以上）	时常引起振动或环境过于嘈杂的场合	智能鉴别技术
声控振动玻璃破碎探测器	室内		误报警少、漏报警多（与声控单技术玻璃破碎探测器相比）	玻璃附近的墙壁或天花板上	日常环境噪声	环境过于嘈杂的场合	双-单转换型，智能鉴别技术

常用智能化系统设备图形符号　　表 4-4

序号	符号	名　称	序号	符号	名　称	序号	符号	名　称
		闭路电视监控系统			结构化综合布线系统			多媒体显示系统
1		超低照度黑白摄像机	1	D	单口数据插座	1	PC	PC 机
2		半球形黑白摄像机	2	H	单口语音插座	2		5m² 室内双基色显示屏
3		彩色一体化半球形摄像机	3	D H	双口信息插座	3		6m² 室内双基色显示屏
4		警号	4		配线架	4		防拆开关
5	21″	21 寸彩色电视机			卫星/有线电视系统			观摩系统
6	KB	云台控制键盘	1		宽带放大器	1		彩色快球摄像机
7	UPS	不间断电源	2	n	一分支器，n 为分支损耗	2	接变控制器	捷变调制器
		防盗报警系统	3	n	二分支器，n 为分支损耗	3	29″	29 寸电视机
1		紧急按钮	4	n	四分支器，n 为分支损耗	4	9″	9 寸电视机
2	IR/M	双鉴探测器	5	n	六分支器，n 为分支损耗			程控交换系统
3		门磁	6		双向数据终端盒	1	H	单口语音插座
4		布撤防键盘	7		75Ω 终端负载电阻	2	D H	双口信息插座
5		燃气泄漏探测器			背景音乐/广播系统	3		配线架
		周界防越报警系统	1	SM	AM/FM 调谐模块	4		电话机
1	TX RX	红外对射探测器	2	CD	5 碟 CD 机			数字会议系统
		智能卡系统	3	SK	双卡座	1	控制主机	控制主机
1		出门按钮	4	MK	麦克风	2	TYZ	投影机
2		读卡器	5	GB	紧急广播主机	3	投影屏幕	投影屏幕
3		电控锁	6		功率放大器			扩音系统
4		控制器	7		音量调节开关	1	TS-700	控制器
5		闭门器	8		吸顶式喇叭	2		UHF 无线接收机
6	CZ	射频卡充值机	9		壁挂式喇叭	3		主席法官机
7	PC	PC 机	10		床头控制板	4		代表机
8	UPS	不间断电源			证据显示系统	5		壁挂式扬声器
9	MK1	传输模块	1	YD	影碟机	6		UHF 无线麦克风
10	SF	射频卡自动收费机	2	DVD	DVD 播放器			计算机网络系统
11	MK2	传输模块	3	SK	双卡座	1	D	单口数据插座
12	KQ	考勤机	4	TY	实物投影仪	2	D H	双口信息插座
13		门磁	5	TYJ	投影机	3		配线架
			6	投影屏幕	投影屏幕	4		电脑

（3）传输方式、线缆选型与敷设

传输方式除应符合《安全防范工程技术规范》GB 50348—2004 相关规定外，还应符合下列规定。

1）防区数量较少，且探测器与报警控制器之间的距离不大于 100m 的场所，宜选用多线制入侵报警系统。当系统采用分线制时，宜采用不少于 5 芯的通信电缆，每芯截面不宜低于 0.5mm^2。

2）防区数量较多，且探测器与报警控制器之间的距离不大于 1500m 的场所，或现场要求具有布防、撤防等控制功能的场所，宜选用总线制入侵报警系统。当系统采用总线制时，总线电缆宜采用不少于 6 芯的通信电缆，每芯截面不宜低于 1.0mm^2。当现场与监控中心距离较远时，可选用光缆传输。

3）布线困难的场所，但无线设备不应对其他电子设施造成各种可能的相互干扰，宜选用无线制入侵报警系统。或可采用以上方式的组合，即组合入侵报警系统。

室内线路敷设优先采用金属管，可采用阻燃硬质或半硬质塑料管、塑料线槽及附件等。

2. 入侵报警系统施工图纸识读

入侵报警系统施工图纸组成与火灾报警系统图纸类似，主要由系统图、平面图、设备接线图等组成。我们以典型例子来说明如何识读系统图及平面图。

【例 4-1】某办公楼入侵报警系统设计。

办公楼共有 5 层楼房，32 个需要防范的工作房间面积均小于 40m^2，五楼会议室较大为 300m^2 左右。在楼内设置安全防范报警系统，要求对每层楼内走廊、电梯口、楼梯口、各个工作房间、财务处、主要领导办公室、资料档案室进行安全防范。其中，财务处两个房间、两个领导办公室、资料档案室 3 个房间为重点防范。

进行火警预报检测，报警主机设在保卫值班室。报警输出设备为警灯和警号，要求储存 3 个电话号码，发生警情向负责保卫领导、保卫处长和上一级报警值班室自动报警。

防范要求：对整个办公楼进行全面防范，入侵者从任何位置进入办公楼均能触发报警。

重点防范部门要求能单独识别。其余以楼层为单位进行识别报警事件。

用户提供平面图一份，见图 4-6 所示。

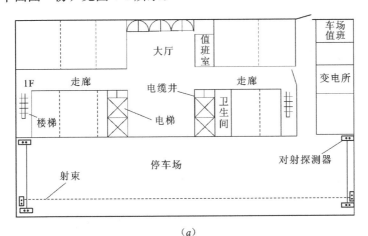

（a）

图 4-6　某办公楼平面图（一）
（a）一楼、停车场平面图

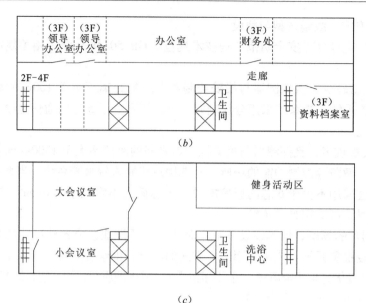

图 4-6　某办公楼平面图（二）

（b）二~四楼平面图；（c）五楼平面图

安全防范系统设计方案（摘要）：

根据现场勘察结果和用户设计要求，安全防范报警系统设计方案如下：

1. 防区的划分：

根据用户防范需要，全楼共划分为 16 个防区，防区分布为：

（1）停车场防区

主要防范越墙进入停车场的入侵者。设计采用 3 套室外型主动红外对射式入侵报警探测器，对围墙实行交叉封锁。其中 1 套探测距离为 200m，另外 2 套探测距离为 50m 的主动对射式红外报警探测器。3 路主动对射式红外报警探测器连接成一路防区后，通过埋地管线引入停车场值班室。停车场值班室设置 1 台单防区报警主机，用于对围墙入侵者报警。同时，单防区报警主机作为报警控制中心的一个防区，连接到报警系统控制主机上。

（2）领导办公室防区

由于 2 个领导办公室相邻，每个领导办公室安装 2 个被动红外/微波报警探测器。共 4 个报警探测器构成一个防区。

（3）财务处防区

财务处共有 3 个房间，1 个金柜。金柜内夜间不存放较大数量现金。对金柜单独设置 1 个被动红外/微波报警探测器进行防范，不单独设置防区。每个房间设置 1 个被动红外/微波报警探测器，共 4 个报警探测器构成财务室防区。

（4）资料档案室防区

资料档案室共有 3 个房间，设置 1 个入侵报警防区和 1 个火警防区。入侵报警防区设置 4 个被动红外/微波报警探测器。其中 1 个用于第 1 个房间窗口防范。其余 2 个房间无窗户。在每个房间内设置 1 个报警探测器，用于空间防范。在每个房间中央安装 1 个烟感报警探测器作为火警防区，用于对火灾监测。

资料档案室共需安装 4 个被动红外/微波报警探测器，3 个烟感报警探测器。

（5）其余防区设置

剩余的 24 个需要防范的房间，每个房间内安装 1 个被动红外/微波报警探测器；5 楼会议室安装 3 个被动红外/微波报警探测器。在每层楼走廊内分别设置 2 个长距离被动红外/微波报警探测器，用作走廊内、楼梯口的报警探测。

按楼层划分防区，共设置 5 个楼层防区。

（6）火警防区的设置

除了资料档案室单独设立 1 个火警防区以外，在每层楼各设置 3 个烟感探测器作为一个火警防区。共计 5 个防区 15 个烟感探测器。

综上所述，共设置 16 个防区，一共需要安装 70 个报警探测器。其中，主动对射式红外报警探测器 3 对，被动红外/微波报警探测器 39 个。被动红外/微波长距报警探测器 10 个。烟感探测器 18 个。

2. 报警系统控制设备选择

报警系统控制主机选择 POWER 832 报警控制主机 1 台，报警控制主机带有 8 路基本防区。增加 1 块 8 路防区扩充板，构成 16 路防区的报警系统控制主机。另外，选择 1 台单防区报警主机安装在停车场值班室，与报警系统控制主机 POWER 832 联网。

报警辅助设备为：1 台报警打印机，用于警情报告打印，2 个警号（5W）和 2 个警灯。1 台 3A 直流稳压电源，1 台 500W UPS 交流不间断稳压电源，带有蓄电池。报警控制台 1 个。

3. 传输系统设计

系统采用有线传输方式。室外停车场 3 对主动对射式红外报警探测器传输线采用埋管安装。室内垂直方向在电缆井内布线，加塑料线槽保护。每层楼内由吊棚内布线。加阻燃塑料线管和接线盒。传输线选用 4 芯塑料护套电缆，每芯线径为 0.5mm^2，可以满足要求。

该办公楼安全防范报警系统图如图 4-7 所示。

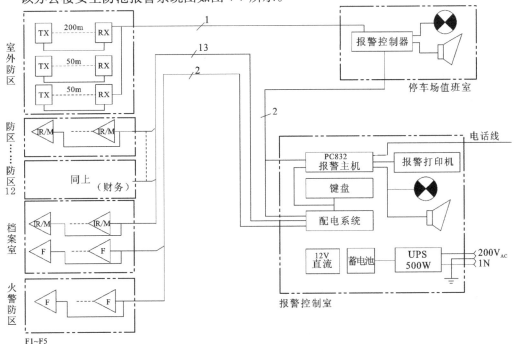

图 4-7　某办公楼安全防范报警系统图

【课堂练习】

针对图4-7，在教师指导下，参照表3-5形式，以防区为单位，列出设备材料表。

三、入侵报警系统设备安装

入侵报警设备安装要求可参见火灾报警设备的安装要求，入侵报警设备安装应符合《安全防范工程技术规范》GB 50348。入侵报警设备的种类、型号、厂家不同，其安装接线有很大的不同，安装前一定要详看厂家提供的产品说明书及接线图。下面以两个典型产品举例，介绍其安装接线。

【例4-2】 磁控开关的安装。如图4-8所示。

安装、使用磁控开关时，应注意如下一些问题：

（1）磁控开关结构见图4-8（a），干簧管应装在被防范物体的固定部分，安装应稳固，避免受猛烈振动而使干簧管碎裂。

（2）磁控开关不适用有磁性金属的门窗，因为磁性金属易使磁场削弱。可选用微动开关或其他类型开关器件代替磁控开关。

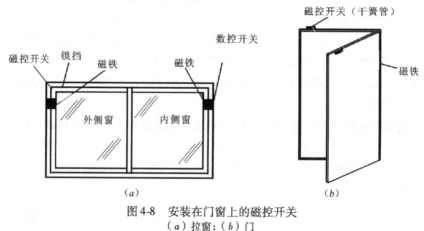

图4-8 安装在门窗上的磁控开关
（a）拉窗；（b）门

【例4-3】 被动式红外探测器的布置与安装。

被动式红外探测器根据视场探测模式，可直接安装在墙面上、天花板上或墙角，其布置和安装原则如下：

（1）探测器对垂直于探测区方向的人体运动最敏感，故布置时应尽量利用这个特性达到最佳效果。如图4-9（a）中A点的布置效果好；B点正对大门，其效果差。

（2）布置时要注意探测器的探测范围和水平视角。如图4-9（b）所示，走廊处警戒对象再安装C点探测器。

（3）警戒区内注意不要有高大的遮挡物遮挡；探测器不要对准强光源和受阳光直射的门窗；探测器不要对准加热器、空调出风管道，如无法避免，则应与热源保持至少1.5m以上的间隔距离。

被动式红外报警器在三大移动报警探测器（超声波、微波、红外）中具有优点如下：

（1）由于它是被动式的，不主动发射红外线，因此，它的功耗非常小，只有几毫安到数十毫安，在一些要求低功耗的场合尤为适用。

（2）由于是被动式，也就没有发射器与接收器之间严格校直的麻烦。

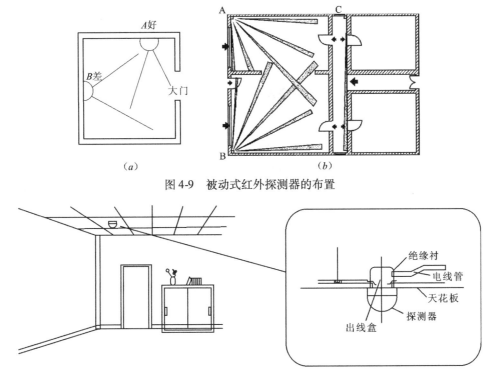

图 4-9 被动式红外探测器的布置

图 4-10 被动式红外探测器的安装

（3）与微波报警器相比，红外波长不能穿越砖头水泥等一般建筑物，在室内使用时不必担心由于室外的运动目标会造成误报。

（4）在较大面积的室内安装多个被动红外报警器时，因为它是被动的，所以不会产生系统互扰的问题。

（5）它的工作不受声音的影响，声音不会使它产生误报。

任务 3　视频监控系统

视频监控系统（又称 CCTV）是安防领域中的重要组成部分，系统通过摄像机、监视器等设备直接观察被监视场所的情况，并进行同步录像。另外视频监控系统还可以与入侵报警系统等其他安全技术防范体系联动运行，提高安全防范能力。

一、视频监控系统组成及功能

1. 视频监控系统的基本结构

视频监控系统依功能可以分为：摄像、传输、控制和显示与记录四个部分，其结构示意图如图 4-11 所示。

摄像部分是安装在现场的，它包括摄像机、镜头、防护罩、支架和电动云台，它的任务是对被摄体进行摄像并将其转换成电信号。

传输部分的任务是把现场摄像机发出的电信号传送到控制中心，它一般包括线缆、调制与解调设备、线路驱动设备等。

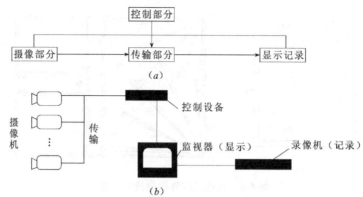

图 4-11　视频监控系统结构示意图

（a）视频监控系统的功能关系；（b）视频监控系统结构示意图

　　显示与记录部分把从现场传来的电信号转换成图像在监视设备上显示，如果有必要，就用录像机录下来，所以它包含的主要设备是监视器和录像机。

　　控制部分则负责所有设备的控制与图像信号的处理，所用设备一般有矩阵、画面分割器、多路切换器等。

　　2. 常用视频监控系统设备

　　常用的视频监控设备如图 4-12 所示。

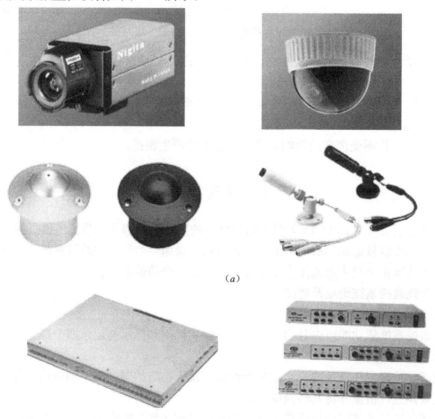

图 4-12　常用的视频监控设备

（a）常用摄像机；（b）常用的矩阵控制主机

（1）摄像机

摄像机是对监视区域进行摄像并将其转换成电信号的设备。摄像机分为彩色和黑白两种，一般黑白摄像机要比彩色的灵敏度高，比较适合用于光线不足的地方。如果使用的目的只是监视景物的位置和移动，则可采用黑白摄像机；如果要分辨被摄像物体的细节，比如分辨衣物或景物的颜色，则选用彩色的效果会较好。

另外，为使监视范围更广阔，摄像机与电动旋转云台、电动变焦镜头组合。通过对云台旋转控制，可全方位扩大监视范围；通过变换镜头焦距，可拉远或拉近监视画面，还可以锁定监视目标。目前使用较先进的是把云台、变焦镜头和摄像机封装在一起的一体化摄像机，它们配有高级的伺服系统，云台可以有很高的旋转速度，还可以预置监视点和巡视路径，这样平时可以按设定的路线进行自动巡视，一旦发生报警，就能很快地对准报警点，进行定点的监视和录像。一台摄像机可以起到几个摄像机的作用。

（2）监视器及录像机

1）监视器　监视图像的设备。监视器与普通电视机的区别在于监视器少了音频通道，其清晰度较一般电视机要高。通常分为黑白和彩色两种。

2）录像机　目前多用数字硬盘作为录像机，将模拟的音视频信号转变为数字信号存储在硬盘上，并提供录制、播放和管理功能的设备。

（3）控制设备

1）画面分割器　把多路视频信号合成为一路输出，进入一台监控器的设备，可在屏幕上同时显示多个画面，分割方式常有4画面、9画面及16画面等。

2）矩阵切换主机　是视频监控系统中管理视频信号的核心设备。使M台摄像机摄取的图像（产生的视频信号）送到N台监视器上轮换分配显示，同时处理多路控制命令，与操作键盘、多媒体计算机控制平台等设备通过通信连接组成视频监控中心。

矩阵切换主机在产品设计时，充分考虑了其矩阵规模的可扩展性，用户可根据不同时期的需要进行扩展。小规模视频矩阵切换主机常见的有32×16（32路视频输入、16路视频输出）、16×8（16路视频输入、8路视频输出）等。大规模矩阵切换主机有128×32（128路视频输入、32路视频输出）、1024×64（1024路视频输入、64路视频输出）等。

3）解码器　解码器在视频监控系统中主要负责将各操作键盘（或矩阵切换主机）发送来的指令进行译码，并根据译码的结果为云台、镜头、摄像机、护罩等前端设备提供电源，以驱动前端设备动作。解码器通常与带有云台、镜头等控制的摄像机一起安装在现场。

4）操作键盘　是视频监控系统中的专用控制键盘，一般用它来控制系统中的其他设备。如通过矩阵控制主机进行选路、扫描、锁定、解锁等功能处理；通过解码器控制云台上、下、左、右转动；通过解码器控制摄像机镜头的焦距长短、聚焦远近等等。

5）多媒体计算机控制平台　利用计算机综合集成地处理文字、图形、图像、声音、视频等媒体，使其具有强大的信息传播和处理功能。

3. 视频监控系统构成及功能

视频监控系统常用的构成形式如图4-13所示。

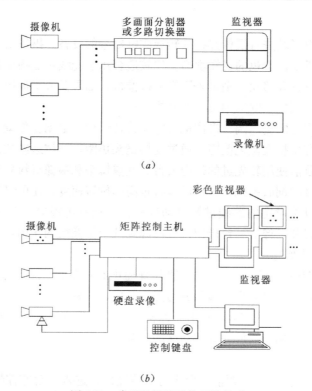

（a）

（b）

图 4-13　常用的视频监控系统构成

（a）简单系统：多个摄像机对一个监视器；（b）复杂系统：多个摄像机对多个监视器

视频监控系统功能如下：

（1）分组同步切换

将系统中全部或部分摄像机分成若干组，每一组摄像机可以同步地切换到一组监视器上。

（2）任意切换

是指摄像机的任意组合，而且任一台摄像机画面的显示时间独立可调，同一台摄像机的画面可以多次出现在同一组切换中，随时将任意一组切换调到任意一台监视器上。

（3）任意切换定时自动启动

任意一组万能切换可编程在任意一台监视器上定时自动执行。

（4）报警自动切换

具有报警信号输入接口和输出接口，当系统收到报警信号时将自动切换到报警画面及启动录像机设备，并将报警状态输出到指定的监视器上。

（5）报警处理

具有多种报警显示方式。

（6）其他控制

采用矩阵作为控制器还可进行电动变焦镜头的控制、云台的控制、切换设备的控制等等。

视频监控系统是在人们无法直接观察的场合实时、形象、真实地反映被监视控制对象的画面，已成为人们在现代化管理中监控的一种极为有效的观察工具。同时，电视监控系统还可以与入侵报警系统等其他安全技术防范体系联动运行，使其防范能力更加强大。

二、视频监控系统施工图识读与设计要点

1. 视频监控系统设计要点

（1）摄像机的选择与布置

摄像机的选择一般要求如下：

1）应根据监视目标的照度选择不同灵敏度的摄像机。监视目标的最低环境照度应高于摄像机最低照度的 10 倍，低照度摄像机没有明确的定义，但一般认为彩色摄像机照度从 0.5～1lx，黑白摄像机照度从 0.0003～0.1lx，零照度环境下宜采用远红外光源或其他光源。

2）摄取固定监视目标时，可选用定焦距镜头；当视距较小而视角较大时，可选用广角镜头；当视距较大时，可选用望远镜头；当需要改变监视目标的观察视角或视角范围较大时，宜选用变焦距镜头。当需要遥控时，可选用具有变焦距的遥控镜头装置。

3）固定摄像机在特定部位上的支承装置，可采用摄像机托架或云台。当一台摄像机需要监视多个不同方向的场景时，应配置自动调焦装置和遥控电动云台。

4）根据工作环境应选配相应的摄像机防护套。防护套可根据需要设置调温控制系统和遥控雨刷等。

5）摄像机需要隐蔽时，可设置在天花板或墙壁内，镜头可采用针孔或棱镜镜头。对防盗用的系统，可装设附加的外部传感器与系统组合，进行联动报警。

6）监视水下目标的系统设备，应采用高灵敏度摄像管和密闭耐压、防水防护套，以及渗水报警装置。

摄像点的合理布置是影响设计方案是否合理的一个方面。对要求监视区域范围内的景物，要尽可能都进入摄像画面，减少摄像区的死角。要做到这点，当然摄像机的数量越多越好，但这显然是不合理的。为了在不增加较多的摄像机的情况下能达到上述要求，就需要对拟定数量的摄像机进行合理的布局设计。图 4-14 是几种监视系统摄像机的布置实例。

（2）视频监控系统布置接线形式

视频电视监控系统根据其使用环境、系统功能的不同而具有不同的组成方式，无论系统规模有多大、功能有多少，在工程布置上主要有两大部分。一部分是分布在现场的各类摄像机，另一部分就是监视控制中心设备，两者之间通过视频传输线和通信控制线连接，如图 4-15 所示。

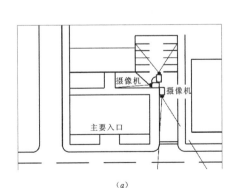
（a）

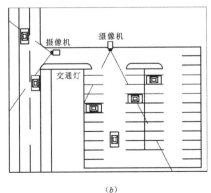
（b）

图 4-14 监视系统摄像机布置实例（一）

（a）需要变焦场合；（b）停车场监视

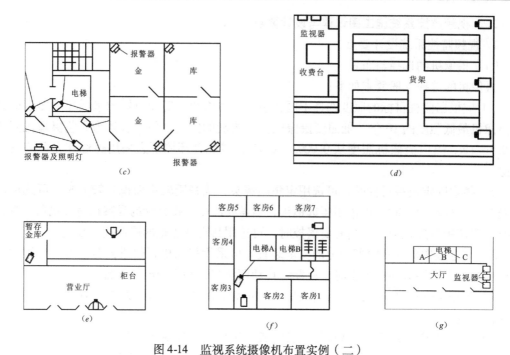

图 4-14　监视系统摄像机布置实例（二）
（c）银行金库监控；（d）超级市场监视；（e）银行营业厅监视；（f）宾馆保安监视；（g）公共电梯监视

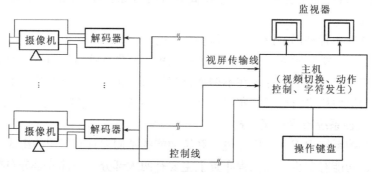

图 4-15　视频监控系统连接结构图

普通摄像机与控制主机的连接采用视频传输线，主要包括 SYV 型、SBYFV 型等型号的同轴电缆。另外还有专供摄像机电源线，通常有 24V 交流电压、12V 直流电压等。

带云台或变焦控制的摄像机与主机的连接除视频传输线及电源线外，云台等控制信号由解码器输出，解码器安装在摄像机现场，解码器通过总线 RS485 与控制主机相连。另外控制中心的控制主机可通过通讯接口模块 RS232 与计算机相连。

（3）传输方式、线缆选型与敷设

1）传输距离较近，可采用同轴电缆传输视频基带信号的视频传输方式。同轴电缆传输距离见表 4-5，摄像机所用电源线线径和传输距离的选择见表 4-6。

2）传输距离较远，监视点分布范围广，或需进电缆电视网时，宜采用同轴电缆传输射频调制信号的射频传输方式。

3）长距离或需避免强电磁场干扰的传输，宜采用传输光调制信号的光缆传输方式。

同轴电缆的传输距离　　　　　　　　　表4-5

同轴电缆类型	最大有效传输距离	同轴电缆类型	最大有效传输距离
SYV-75-5（RG59）	3000ft（914.4m）	SYV-75-9（RG11）	6000ft（1828.8m）
SYV-75-7（RG6）	4500ft（1371.6m）	SYV-75-12（RG15）	8000ft（2438.4m）

24VAC 线径和传输距离关系表　　　　　表4-6

传输功率（W）＼线径（mm）传输距离feet（m）	0.8000	1.000	1.250	2.000	传输功率（W）＼线径（mm）传输距离feet（m）	0.8000	1.000	1.250	2.000
10	283（86）	415（137）	716（218）	1811（551）	100	25（7）	41（12）	65（19）	164（49）
20	141（42）	225（68）	358（109）	905（275）	120	23（7）	37（11）	59（17）	150（45）
30	94（28）	150（45）	238（72）	603（183）	130	21（6）	34（10）	55（16）	139（42）
40	70（21）	112（34）	179（54）	452（137）	140	20（6）	32（9）	51（15）	129（39）
50	56（17）	90（27）	143（43）	362（110）	150	18（5）	30（9）	47（14）	120（36）
60	47（14）	75（22）	119（36）	301（91）	160	17（5）	28（8）	44（13）	113（34）
70	40（12）	64（19）	102（31）	258（78）	170	16（4）	26（7）	42（12）	106（32）
80	35（10）	56（17）	89（27）	226（68）	180	15（4）	25（7）	39（11）	100（30）
90	31（9）	50（15）	79（24）	201（61）	190	14（4）	23（7）	37（11）	95（28）
100	28（8）	45（13）	71（21）	181（55）	200	14（4）	22（6）	35（10）	90（27）

注：当线径大小一定，24VAC 电压损耗率低于 10% 时，推荐的最大传输距离。（对于交流供电的设备而言，其最大的允许电压损耗率为 10%。例如，一台设备额定功率为 80VA，安装在离变压器 35 英尺（10m）远处，需要的最小线径大小为 0.8000mm）。

4）室内敷设，在要求管线隐蔽或新建的建筑物内可用暗管敷设方式；无机械损伤的建筑物内的电（光）缆线路，或改建、扩建工程，可采用沿墙明敷方式。

5）室外敷设，当采用通信管道（含隧道、槽道）敷设时，不宜与通信电缆共管孔；当电缆与其他线路共沟（隧道）敷设时，或采用架空电缆与其他线路共杆架设时，应遵循相应施工规范。

2. 视频监控系统施工图纸识读

视频监控系统施工图纸组成与入侵报警系统图纸类似，主要由系统图、平面图、设备接线图等组成。我们以典型例子来说明如何识读系统图及平面图。

【例4-4】某超市视频监控系统设计。

某超市为地上 2 层，后面为 4 层办公楼。监控室拟设在办公楼二楼保卫中心旁边房间。办公楼一楼与地下室为商品库房。二楼以上为办公区。

设计要求，对商场进行封闭监控，白天，应监控商场内的情况以及人员流动情况，重点监控收款处、珠宝柜台、财务室、地下仓库的出入库情况，并要求连续录像。晚上对整个商场，仓库等进行全面封锁。无紧急情况，安全保卫人员不需进入商场内巡逻，完全靠监控系统对商场内进行监控。突发事件要能实时录像，报警事件应能自动实时录像，并发出警报……。该超市平面图如图4-16所示。

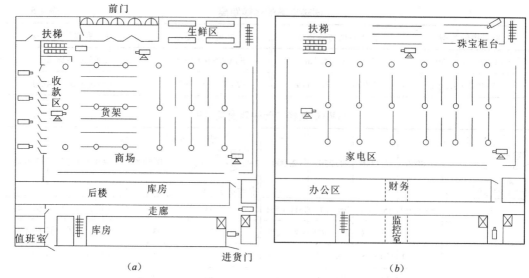

图 4-16　某商场（超市）平面图
（a）一楼平面图；（b）二楼平面图

安全防范系统设计方案（摘要）：

根据现场勘察结果和用户设计要求，安全防范系统设计方案如下：

1. 摄像机的布置

在一楼超市和二楼超市大厅，各设置 3 台吸顶式全方位云台彩色摄像机、三可变镜头，用于对商场主要通道、货区观测，由于货架为 2m，上面有近 3m 空间，因此摄像机相对观测范围较大。1 楼收款处设置 4 台固定焦距摄像机，每个摄像机监控 3 个收款处。另外 1 台摄像机监控大件货物柜台。扶梯口 1 楼设置 1 台固定摄像机，用于上下扶梯的安全监控。珠宝柜台设置 1 台固定摄像机实行 24 小时监控。

在一楼与二楼工作人员进出门各设置一台摄像机，用于对进出人员和货物监控。

货架中间人行通道、临街窗口、人行楼梯、进出口处，分别安装被动红外/微波报警探测器，按每台摄像机可观测范围设置报警防区，进行联动安全防范。这样，在系统布防后，可对商场实行全面封锁。

办公区和库房中的财务室各设置 2 台固定摄像机、被动红外/微波报警探测器，对财务室进行防范。放置在屋内的金柜在摄像机监视范围内。

一楼和地下库房在走廊内各设 1 台固定摄像机，货物进入门口设 1 个固定摄像机。库房各设 1～2 台被动红外/微波报警探测器、振动探测器，用于对库房防卫。

这样，共需安装 6 台带三可变镜头、全方位云台的彩色摄像机，15 台固定摄像机，60 个被动红外/微波报警探测器，10 个振动报警探测器。

根据商场装饰的特点，以及减少对顾客购物的心理压力。所有安装在商场内的摄像机，均采用隐蔽的半球摄像机。这样与商场装饰比较协调，顾客也不容易注意。

货架通道内被动红外/微波报警探测器选用长距离探测器，对通道进行封锁。由于已有照明和防火控制，设计时不再考虑。

2. 系统控制设备的设计选择

监控室设计安装控制台和电视墙。系统控制主机选择矩阵系统控制主机 AB2/

50VAD32-8。该主机具有32路视频输入，8路视频输出，以及32路报警输入，1路报警输出。实际安装有21台摄像机输入，其余作为扩展用。选用MV9016型16画面处理器1台，用于对连续监视图像进行分割显示和录像。

选用2台录像机TLS-924P，一台用于16画面连续录像，另一台用于紧急事件录像。选用3台3A、12V直流稳压电源，用于对$12V_{DC}$固定摄像机、报警探测器等的直流供电。

选择1台5W、$12V_{DC}$警号，作为报警输出设备。选择1台2kW交流净化稳压电源，统一向系统供电。

选择一台74cm大屏幕彩色电视机，主要用于对16画面图像监视，其余7台36cm彩色监视器。一台彩色监视器设计安装在控制台上。

3. 传输系统设计

传输系统采用有线传输方式，由于传输距离较近，视频电缆选用SYV75-5视频同轴电缆。通信控制线选用单芯为$0.5mm^2$双绞屏蔽电缆。报警探测器用线为$0.75mm^2$四芯护套电缆，电源线（$220V_{AC}$）为$2.5mm^2$三芯护套电源线。所有传输线，均采用阻燃塑料电线管进行保护。电源220 V_{AC}供电线单独在一根电线管内走线。在工程装修阶段，所有管线都预埋在墙内或吊棚内。根据情况设置接线盒和检修口。

超市视频监控系统图如图4-17所示。

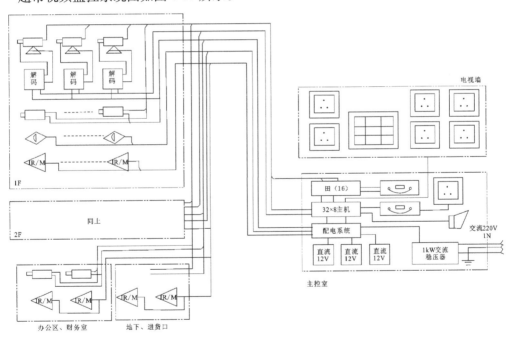

图4-17 某超市视频监控系统图

【课堂练习】

针对图4-17，在教师指导下，参照表3-5形式，以楼层为单位，列出设备材料表。

三、视频监控系统设备安装

1. 视频监控设备安装一般要求

视频监控设备安装应符合《安全防范工程技术规范》GB 50348。

2. 视频监控设备安装

摄像机的设置位置、摄像方向及照明条件应符合下列规定。

（1）摄像机宜安装在监视目标附近不易受外界损伤的地方，安装位置不应影响现场设备运行和人员正常活动。安装的高度，室内宜距地面 2.5～5m；室外应距地面 3.5～10m，并不得低于 3.5m。

（2）电梯厢内的摄像机应安装在电梯厢顶部、电梯操作器的对角处，并应能监视电梯厢内全景。

（3）摄像机镜头应避免强光直射，保证摄像管靶面不受损伤。镜头视场内，不得有遮挡监视目标的物体。

（4）摄像机镜头应从光源方向对准监视目标，并应避免逆光安装；当需要逆光安装时，应降低监视区域的对比度。

任务4　其他安全防范系统

在视频监控系统、入侵报警系统和出入口控制系统的基础上，可衍生出其他几种安全防范系统，包括家庭智能化系统、周界防护入侵报警系统、电子巡查管理系统、汽车库（场）管理系统等。

一、家庭智能化系统

家庭是小区与社会的组成细胞，同时又是小区与社会的主体和服务对象，要实现智能化小区，必须使小区内的每个家庭智能化。

1. 家庭智能化系统构成

家庭智能化系统构成如图 4-18 所示。常用控制功能如下：

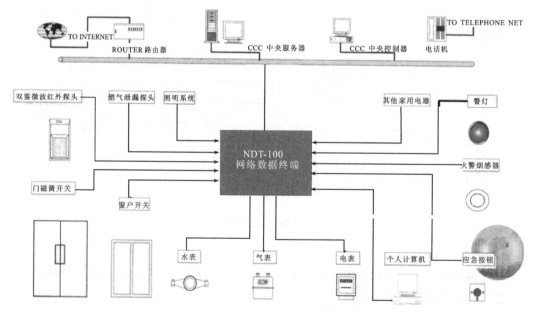

图 4-18　家庭智能化系统构成示意图

（1）家庭安全报警系统

楼宇对讲、家庭三防（防盗、防火、防有害气体泄漏）、用户求助报警、门禁控制等是每户家庭的基本需求。家庭智能化系统首先应考虑能实现用户家庭的基本安防报警功能需求。

（2）家庭宽带信息通信

家庭宽带信息通信可实现家庭办公（SOHO）、家庭娱乐（VOD 点播、网上游戏）、家庭上网、网上教育、网上购物、远程医疗等功能。

（3）家电设备及环境调控自动化管理

由于家电的品种和品牌的不同，遥控器只能各用各的，无法通用，这就给使用者带来许多不便。因此，使用"万用遥控器"，并可实现用户远程遥控就成了人们的理想。如远程开关空调、电饭煲等。家电设备自动化管理就要解决这些问题，同时还可实现家庭照明自动控制、家庭窗帘自动开/闭控制，以及其他联动控制（如燃气开关阀门、排气扇）等功能。

（4）物业管理及三表远程抄送

家庭智能化的根本目的就是要为居民提供安全、方便、舒适、温馨、有趣的家居环境，消除住户的生活麻烦同时也能为物业管理公司尽可能提供现代化的技术手段。三表远程抄送就是一项非常实用的功能，它不仅可减轻了物业及具体职能部门的工作量，更重要的是为住户减少了许多由于人工抄表而带来的麻烦与安全隐患。另外，通过家庭智能化系统，物业管理公司和居民间能实现信息交互，如：物业管理公司的信息广播式发布和对每户的通知、居民对物业公司的服务请求等。

2. 常用家庭智能化系统设备

组成家庭智能化系统的常用设备如下：

（1）探测器

根据安防需要在住宅中要安装各种自动报警探测器。保护人身安全的探测器有煤气（CO）探测器、烟感探测器等；防盗用的红外线探测器、红外线微波双鉴探测器、玻璃破碎探测器、防宠物双鉴红外探测器和磁控开关（门磁、窗磁）等。

另外紧急按钮安装在卧室和客厅中用于防劫防抢，一旦住户被不法分子骚扰，触发手动紧急按钮，将报警信号送给报警控制箱。老年人或者病人遇到紧急情况也可以通过紧急按钮向小区中心报警救助。

（2）家庭报警控制器

家庭报警控制器主要的功能是接收探测器送来的报警信号，然后将报警信息通过网络线送往小区报警控制中心的数字接收机。家庭报警控制器通常与可视对讲、物业信息显示等功能一体化。

二、电子巡查管理系统

1. 电子巡查管理系统主要功能

巡查管理系统的系统结构由现场控制器、监控中心、巡更点匙控开关、信息采集器等部分组成，通常现场控制器与监控中心可以与防盗报警系统共用。巡更点匙控开关可以接在就近的现场控制器或防盗报警控制主机。

巡查系统的主要功能有：

（1）主控室实时监控巡查人员的行走路线情况，可以同时管理多条巡查路线。对于漏检点或未按时到达指定巡查点的事件自动产生报警信号。

（2）设定巡查路线，并能通过系统任意更改设置，实时监控并记录巡查情况。

（3）系统软件可以按照巡查人员、巡更点、巡逻路线和报警事件等打印报表，以供管理人员查询。

2. 巡查系统设计要点

（1）巡查点/站的布置应合理，保证能确实控制正确的巡逻路线。

（2）设置巡查点重点考虑主要通道、道路附近；重要设施、设备区域内；地下车库；周界、闭路电视监控系统死角以及安防中心附近设置巡查点/站。

（3）要考虑巡查路线变化的可能，在点位的设置时，最好能满足通过变换顺序以达到路线变化的要求。

三、汽车场（库）管理系统

停车场自动管理，是利用高度自动化的机电设备对停车场进行安全、快捷、有效的管理。由于减少了人工的参与，从而最大限度地减少人员费用和人为失误造成的损失，极大地提高了停车场的使用效率。

1. 停车场管理系统组成

停车场自动管理系统由车辆自动识别子系统、收费子系统、保安监控系统等组成。通常包括中央控制计算机、自动识别装置、临时车票发放及检验装置、挡车器、车辆探测器、监控摄像机、车位提示牌等设备。停车场管理系统的组成如图4-19所示。

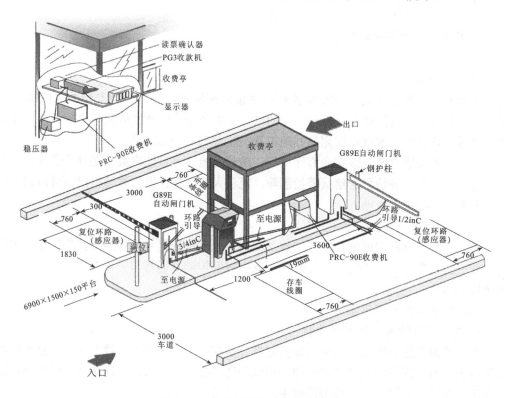

图4-19　停车场管理系统示意图

2. 停车场管理系统设备及功能

停车场管理各组成系统的设备及功能如下：

（1）中央控制计算机

负责整个系统的协调与管理，包括软硬件参数控制，信息交流与分析，命令发布等。将管理、保安、统计及商业报表于一体，既可以独立工作构成停车场管理系统，也可以与其他计算机网相联。

（2）车辆自动识别装置

车辆自动识别装置可采用 IC 卡、远距离射频识别卡等。目前较先进的技术是采用非接触式的远距离识别卡，它的识别距离为 0.3~6m，当使用高速识别技术后，车辆可以在高速行驶中（时速 <200km）进行识别。

（3）临时车票发放及检验装置

此装置放在停车场出入口处，对临时停放的车辆自动发放临时车票。车票可采用简单便宜的热敏票据打印机打印条码信息，记录车辆进入的时间、日期等信息，再在出口处或其他适当地方收费

（4）挡车器（道闸）

在每个停车场的出入口都安装电动挡车器，它受系统的控制升起或落下，只对合法车辆放行，防止非法车辆进出停车场。挡车器有起落式栏杆，升降式车挡（柱式、椎式、链式等）。

（5）车辆探测器和车位提示牌

车辆探测器一般设在出入口处，对进出车辆的每辆车进行检测、统计，将车辆进出车场数量传送给中央控制计算机，通过车位提示牌显示车场中车位状况，并在车辆通过检测器时控制车挡杆落下。

（6）监控摄像机

在车场进出口等处设置电视监视摄像机，将进入车场的车辆输入计算机。当车辆驶出出口处时，验车装置将车卡与该车进入时的照片同时调出检查无误后放行，以避免车辆的丢失。

任务5　智能建筑设备监控中心

在一个中央监控室内对大厦内的消防、安防、各类机电设备等进行监视、控制等集中管理，一方面提高管理和服务效率，降低物业的运行和维护成本；另一方面由于采用一个计算机操作平台的管理界面，便于实施全局事件和事务的处理，使物业管理更趋现代化。这样的监控室又称为监控中心。

1. 监控中心职能

中央控制室是楼宇设备控制的核心，楼宇内各种各样的机械和电子设备，如空调、电梯、给水排水、防火防盗等设备，都要求具有自动控制，使之处于最佳状态下运行，以提高工作效率和质量，确保有一个舒适、清洁、安全的生活与工作环境。

中央监控管理室的功能通常以下四个方面来概括：

作为防火管理中心的作用；

作为安防管理中心的作用；

作为设备管理中心的作用；

作为信息情报咨询中心的作用。

2. 监控中心的设置

公共安全系统、建筑设备管理系统、广播系统可集中配置在一个监控室内，或占有相邻房间，各系统设备应占有独立的工作区，且相互间不会产生干扰。火灾自动报警系统的主机及消防联动控制系统设备均应设在其中相对独立的空间内。

通常监控中心要求环境安宁，宜设在主楼低层接近负荷中心的地方，也可以在地下一层。监控中心的设置，应符合消防的一般规定，即：监控室的门应向疏散方向开启，并应在入口处设置明显标志。

监控中心内应有本建筑物内重要区域和部位的消防、保安、疏散通道，及相关设备的所在位置的平面图或模拟图。

3. 监控中心的设备布置

为了满足综合功能要求和智能化管理的需要，最好建立和设置综合性的中央监控室。大型的监控中心一般设有空调、给水排水、供配电、照明、电梯、消防、安防、公共广播等监视控制计算机及各种控制操作盘，还有视频监视器、打印机等设备。

监控中心的布置通常是由两部分组成。一部分是中央监控与管理工作台，主要放置系统网络监控计算机及操作控制盘面；另一部分是视频监视屏。工作台与监视屏之间的空间应在 1.5m 以上。

4. 监控中心的环境要求

监控中心要求无有害气体、蒸气及烟尘，远离变电所、电梯、水泵房等电磁波干扰场所，远离易燃、易爆场所。要求无虫害和鼠害，上方无厨房、洗衣房、厕所等潮湿场所。

此外，对监控中心的环境有如下具体要求：

（1）空调

可用自备专用空调或中央空调。

（2）照明

消防控制室的照明灯具宜采用无炫光荧光灯具或节能灯具，应由应急电源供电。控制室照明应符合现行国家标准《建筑照明设计标准》GB 50034 的有关规定。

（3）消防

用二氧化碳固定式或手提式灭火装置，禁止用水灭火装置。还要有火灾报警设备。

（4）地面和墙壁

中央监控室的装饰，应进行专门的设计并符合消防规定。中央控制室宜用架空防静电活动地板，高度不低于 0.2m，以便敷设线路。如果线路不是很多，也可以不用架空活动地板，改用扁平电缆等。地面和墙壁要有一定的耐火极限。

图 4-20　典型的安防控制中心

单　元　小　结

　　智能建筑安全防范系统是本书的重点之一。安全防范系统根据防范功能不同分几种防范系统，本单元按不同防范系统共分五个任务。任务一至任务四论述了入侵报警、视频监控等防范系统，针对各系统首先讲解了系统组成、工作原理及典型设备，然后阐述系统的设计与施工要点。最后任务五简要介绍智能建筑设备监控中心。

　　通过本单元理论知识的学习和基本技能实训，明白安全防范系统的相关规范、工程设计及施工的基本内容和基本方法，学会识读安全防范系统施工图，熟悉设备接线，为从事安防设计和施工打下基础。

技能训练 7　入侵报警系统线路实施

一、实训目的

1. 掌握入侵报警系统监控原理；

2. 熟悉入侵报警系统常用设备、元件；

3. 能根据产品说明书，搭建一个基本的入侵报警系统电路；

4. 能调试基本报警功能。

二、实训所需材料、设备

1. 典型报警探测器、按钮等；

2. 选用典型报警控制器。

三、实训内容、步骤

1. 根据选用设备，设计并绘制报警系统原理结构图；

2. 根据原理图及设备接线说明书，完成报警系统接线；

3. 按防区设置报警功能；

4. 完成实训报告。

四、实训报告

1. 画出报警系统原理结构图；

2. 列出你所调试设置的报警功能；

入侵报警系统报警功能设置

报警功能	是否设置	报警功能	是否设置

3. 列出所用报警设备清单。

入侵报警系统设备清单

序号	设备名称	规格型号	数量	备注

技能训练 8　视频监控系统线路实施

一、实训目的

1. 掌握视频监控系统监控原理；

2. 熟悉视频监控系统常用设备、元件；

3. 能根据产品说明书，搭建一个基本的视频监控系统电路；

4. 能调试基本监控功能。

二、实训所需材料、设备

1. 典型摄像机、监视器；

2. 选用典型画面分割器、视频切换器或矩阵。

三、实训内容、步骤

1. 根据选用设备，设计并绘制监控系统原理结构图；

2. 根据原理图及设备接线说明书，完成监控系统接线；

3. 设置监控功能；

4. 完成实训报告。

四、实训报告

1. 画出监控系统原理结构图;

2. 列出你所调试设置的监控功能;

视频监控系统监控功能设置

监控功能	是否设置	监控功能	是否设置

3. 列出所用监控设备清单。

视频监控系统设备清单

序号	设备名称	规格型号	数量	备注

思 考 题 与 习 题

一、填空题

1. 物业安防系统主要包括_____等。

2. 在出入口控制系统中,常用_____卡作为智能卡。

3. 指纹、掌纹、视网膜的识别是利用_____技术。

4. 入侵报警系统常用的探测器有_____等。

5. 通过监视活动目标在防范区引起的红外辐射能量的变化,从而启动报警装置的红外探测器是_____式红外探测器。

6. 把两种不同探测原理的探测器进行混合报警,该探测器称为_____。

7. 视频监控系统依功能可以分为_____四个部分。

8. 智能家居的三表远程抄送是指哪三表_____。

9. 一个住宅小区完整的安防系统包括_____等。

二、简答题

1. 简要论述什么是安全技术防范技术。

2. 简述安防控制中心的重要性。

单元5 智能建筑信息设施与信息化应用系统

【本单元要点】智能建筑的信息设施与信息化应用系统，提供电话、电视、网络等信息通信基础设施，及以此为基础的信息管理软件系统，用以满足建筑物各种业务及管理功能。学习本单元要求掌握电话、有线电视、综合布线系统设备设施、工作原理等知识，能够识读电话、有线电视、综合布线系统施工图表，掌握基本的安装施工技能。

教学导航

教	重点知识	1. 了解电话、有线电视系统基本组成，掌握系统在建筑内的信息点布置及布线。 2. 综合布线系统组成及其在建筑内的信息点布置及布线。 3. 识读电话、有线电视、综合布线系统平面图
	难点知识	1. 电话、有线电视系统设备 2. 综合布线系统设备、线缆
	推荐教学方式	对重点知识处理： 1. 通过实物、图片讲解综合布线系统组成、设备及线缆。 2. 参照相关设计规范讲解电话、有线电视、综合布线信息点的设置及线缆选用。 3. 完成技能训练9，巩固知识的掌握。 4. 参照书后工程实例3和实例4，讲解若干电话、有线电视、综合布线施工图纸，使学生对概念清楚。 对难点知识处理： 1. 实训室以实物讲解电话、有线电视、综合布线各系统设备、线缆。 2. 重点讲授信息点布置要点
	建议学时 （8学时）	理论4学时：参照本书电子版单元5课件
		实践4学时：参照本书技能训练9
学	推荐学习方法	1. 掌握电话、有线电视、综合布线系统组成。 2. 各种通信线缆、配线设备可在相关网址搜索大量产品资料，阅读电话、有线电视、综合布线系统相关设计规范，信息点的设置及布线规范均有规定。 3. 巩固知识概念，完成本单元课后练习，并做自主评价，参考答案参照本书电子版单元5习题答案
	必须掌握的 理论知识	1. 熟悉并掌握综合布线系统组成、信息点的设置及布线。 2. 熟悉并掌握综合布线系统设计要点
	必须掌握的技能	1. 能识读电话、有线电视、综合布线平面图。 2. 能进行基本的综合布线线路接线、调试

信息设施系统（ITSI information technology system infrastructure）是为确保建筑物与外部信息通信网的互联及信息畅通，对语音、数据、图像和多媒体等各类信息予以接收、交换、传输、存储、检索和显示等进行综合处理的多种类信息设备系统加以组合，提供实现建筑物业务及管理等应用功能的信息通信基础设施。简而言之，信息设施系统是为人们提供各种所需的通信手段，主要包括电话、电视、广播、计算机网络等，还包括实现这些通

信的建筑物内的综合布线系统。

1. 智能建筑信息设施系统组成

智能建筑信息设施系统由下列组成：

（1）通信接入系统

（2）电话交换系统

（3）信息网络系统

（4）综合布线系统

（5）室内移动通信覆盖系统

（6）卫星通信系统

（7）有线电视及卫星电视接收系统

（8）广播系统

（9）会议系统、信息导引及发布系统

（10）时钟系统和其他相关的信息通信系统

2. 智能建筑对信息设施系统的要求

信息设施系统应为建筑物的使用者及管理者创造良好的信息应用环境，应根据需要对建筑物内外的各类信息予以接收、交换、传输、存储、检索和显示等综合处理，并提供符合信息化应用功能所需的各种类信息设备系统组合的设施条件。

智能建筑对各类信息设施系统的要求如下：

（1）对通信接入系统的要求是：应根据用户信息通信业务的需求，将建筑物外部的公用通信网或专用通信网的接入系统引入建筑物内。

（2）对电话交换系统的要求是：宜采用本地电信业务经营者所提供的虚拟交换方式、配置远端模块或设置独立的综合业务数字程控交换机系统等方式，提供建筑物内电话等通信使用，按实际需求配置电话端口，并预留余量。

（3）对有线电视及卫星电视接收系统的要求是：有线电视应采用电缆电视传输和分配的方式，对需提供上网和点播功能宜采用双向传输系统，根据各类建筑内部的功能需要配置电视终端。按照国家相关部门的管理规定，根据建筑物的功能需要，配置卫星广播电视接收和传输系统。

（4）对综合布线系统的要求是：应成为建筑物信息通信网络的基础传输通道，能支持语音、数据、图像和多媒体等各种业务信息的传输，并根据建筑物的业务性质、使用功能、环境安全条件和其他使用的需求，进行合理的系统布局和管线设计，具有灵活性、可扩展性、实用性和可管理性。

对其他信息设施系统的要求，请参见《智能建筑设计标准》GB/T 50314—2006。本单元重点讨论上述几个系统。

任务 *1*　电话交换与有线电视系统

一、电话交换系统

1. 电话交换系统构成

建筑物内电话配线一般包括配线设备、分线设备、配线电缆、用户线及用户终端机。

配线始于配线设备（配线架或交接箱）。在有用户交换机的建筑物内，配线架一般设置在电话站内；在无用户交换机的较大建筑物内，往往在首层或地下一层电话进户电缆引入点设电缆交接间，内置交接箱。从配线设备引出多路的垂直电缆，向楼层配线区馈送配线电缆，在楼层设分线箱，通过楼层水平布线管路连接用户终端设备（电话机、传真机）。市话线路网的构成如图5-1所示。

图 5-1　市话线路网的构成

目前多采用的是数字程控用户交换机，其主要特征是其交换矩阵中的信号是数字化的。在程控交换机中，软件是必不可少的，没有软件，程控交换机就不能实现各种控制。交换机的应用软件是直接面向用户服务程序，包括呼叫处理、运行管理、维护管理等。

电话交换系统的基本服务功能有缩位拨号、热线服务、叫醒服务、呼出限制、恶意电话跟踪、免打扰服务、无应答转移、截接服务等。

2. 建筑电话管线系统施工图识读与设计要点

如图5-2所示，建筑电话通信线路由进线电缆引入电话交接间，经过配线设备、竖向管路、横向管路、分线箱或分线盒、电话出线盒至用户终端设备电话机。系统设计与设备选择通常由电话通信专业公司来做，仅简要介绍工程上进行管线敷设设计时的一般要点。

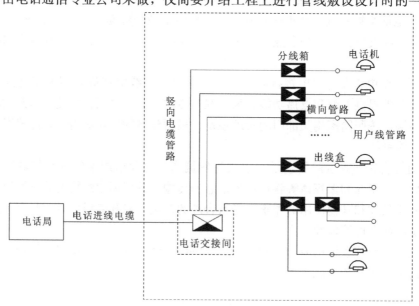

图 5-2　建筑物内电话线路敷设示意图

（1）交接箱容量的选择

交接箱是主干电缆与配线电缆连接的大容量配线设备，主干电缆线对可在交接箱内与任意的配线电缆线对连接。交接箱的容量应根据远期进入交接箱的主干电缆、配线电缆、箱间联络电缆和其他进入交接箱的电缆总对数来选择，交接箱应预留安装容量，通常主干电缆使用率按 90% 计算，配线电缆按 70% 计算。交接箱的容量选择见表 5-1。

交接箱的容量选择　　　　表 5-1

类　　别	容量（对）	主干电缆容量（对）	配线电缆容量（对）	配线比	终期收容线对
室内落地式（交接间）	600	250	350	1：1.40	225
	900	350	550	1：1.57	360
	1200	500	700	1：1.40	450
	1800	700	1100	1：1.57	630
	2400	1000	1400	1：1.40	900
	3000	1300	1900	1：1.46	1170
	3600	1500	2100	1：1.40	1350
室外落地式（单面）	600	250	350	1：1.40	225
	900	350	550	1：1.57	360
	1200	500	700	1：1.40	450
室内落地式（双面）	1800	700	1100	1：1.57	630
	2400	1000	1400	1：1.40	900
	3600	1300	1900	1：1.46	1170
壁龛式挂墙式	600	250	350	1：1.40	225
	900	350	550	1：1.57	360
	1200	500	700	1：1.40	450
	1500	600	900	1：1.50	540
	2000	800	1200	1：1.50	720

（2）通信电缆管路敷设

通信电缆竖向敷设采用在弱电竖井设置电缆桥架。对于未设弱电竖井的小型建筑物，配线电缆通常采用暗管敷设方式，竖向干线管可选用 35 ~ 50mm 的管径。

楼层横向管路敷设一般采用吊顶内或地面的穿管暗敷方式，横向电缆布线可选用 15 ~ 32mm 的管径。电话电信系统配管一般采用塑料管。

【例 5-1】落地式电话交接箱的安装，如图 5-3 所示。

电话交接箱安装分落地式和架空式两种，落地式交接箱安装要求：

（1）交接箱基础底座的高度不应小于 200mm，且在底座中央留置适当的长方洞做电缆及电缆保护管的出入口。

（2）底座四角预埋镀锌地脚螺栓，用螺母加以固定。

（3）落地式交接箱应严格防水，穿电缆的管孔缝隙应封堵严密，交接箱的底板进出电缆口缝隙也应封堵。

二、有线电视系统

1. 有线电视系统构成

有线电视系统是采用同轴电缆（含光缆）作为传输媒介将电视信号通过电视分配网络传送给用户。有线电视系统通常由三个主要部分组成，即：信号源接收系统和前端设备组成前端系统，信号传输系统和分配系统。如图 5-4 所示。

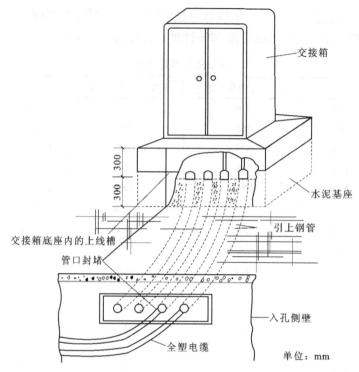

图 5-3　落地式电话交接箱的安装

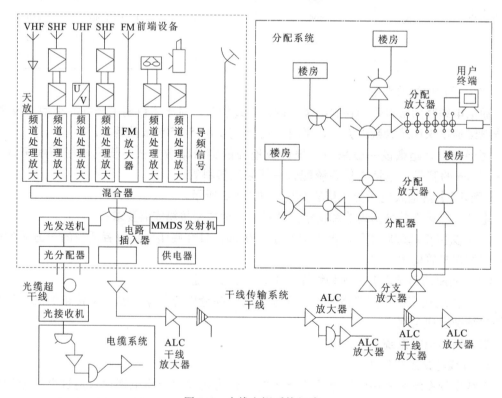

图 5-4　有线电视系统组成

（1）前端系统

前端系统是 CATV 系统最重要的组成部分之一，这是因为如果前端信号质量不好，则后面其他部分一般来说是难以补救的。

前端系统主要功能是进行信号的接收和处理，这种处理包括信号的接收、放大、信号频率的配置、信号电平的控制、干扰信号的抑制、信号频谱分量的控制、信号的编码等。对于交互式电视系统还要加有加密装置和 PC 机管理，调制 – 解调设备等。

（2）干线传输系统

干线传输系统的功能是控制信号传输过程中的劣变程度。干线放大器的增益应正好抵消电缆的衰减，即不放大也不减小。

干线设备除了干线放大器外，还有电源和电流通过型分支器、分配器、干线电视电缆等。对于长距离传输的干线系统还要采用光缆传输设备，即光发射机、光分波器、光合波器、光接收机、光缆等。

（3）分配系统

分配系统的功能是将电视信号通过电缆分配到每个用户，在分配过程中需保证每个用户的信号质量，即用户能选择到所需要的频道和准确无误的解密或解码。分配系统的主要设备有分配放大器、分支分配器、用户终端等。

2. 有线电视管线系统施工图识读与设计要点

有线电视传输分配系统主要由干线传输系统和用户分配系统构成，系统设计与设备选择通常由有线电视专业公司来做，在此仅对用户分配系统简要介绍工程上进行管线敷设设计时的一些要点。

用户分配系统的用途是将干线的信号能量均匀地分配给每台用户电视机，一般由电缆、分配器、分支器、用户电视插座等组成。工程上进行管线敷设设计时，先按照房间的平面布置选定用户插座安装位置，然后按照房屋的结构选定合理的管线走向。主要器材包括：

（1）分配器

分配器是分配高频信号电能的装置。作用是把干线信号平均分成若干份，向不同的用户区提供电视信号，并保证各部分得到良好的匹配。实用中按分配器的端数分有二、三、四及六分配器等，其他分配器还可用其组合而成。如图 5-5（a）所示。

（2）分支器

分支电路是传输分配系统的最低一级网络，其分支一般与用户终端相连。分支电路常见形式如图 5-5（b）所示。如果将一分支器或二分支器装在用户端盒内，集分支器功能与终端用户盒功能于一身，造价低，走线、安装方便。主要用于住宅、大楼等走线规则自成一路的地方。

我们以典型的例子来说明如何识读电话、电视布线平面图。

【例 5-2】住宅标准层单元电话、电视平面图，如图 5-6 所示。

图 5-6 表示某多层住宅的标准单元层，该单元一梯两户，电话分线盒与电视分支盒分别装在走廊公共墙壁上。每户 2 个电视插座，3 个电话插座，并设置访客对讲系统。

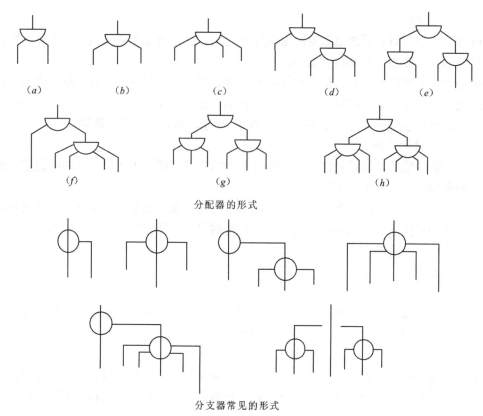

图 5-5　分配器、分支器表示形式

（a）二分配；（b）三分配；（c）四分配；（d）四分配；（e）五分配；（f）五分配；（g）六分配；（h）八分配

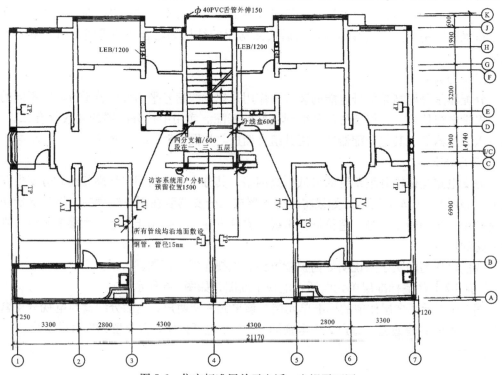

图 5-6　住宅标准层单元电话、电视平面图

任务 2　综合布线系统

一、综合布线系统构成

1. 综合布线的概念

简单地讲，综合布线系统就是连接计算机等终端之间的缆线和器件。《综合布线系统工程设计规范》GB 50311—2007 国家标准中的定义如下：综合布线系统（Premises Distribution System，PDS）是用通信电缆、光缆、各种软电缆及有关连接硬件构成的通用布线系统，是能支持语音、数据、影像和其他控制信息技术的标准应用系统。

综合布线系统具有标准化、模块化、灵活性等特点，是智能建筑快速发展的基础和需求，没有综合布线技术的快速发展就没有智能建筑的普及和应用。例如，智能建筑一般包括计算机网络办公系统、楼宇设备监控管理系统、楼宇安全系统、停车场管理系统等，而这些系统的设备全部是通过综合布线系统来传输和交流信息，以及传输指令和控制运行状态等。所以，综合布线系统具备智能建筑的先进性、方便性、安全性、经济性和舒适性等基本特征。

2. 综合布线系统构成

综合布线系统是开放式结构，由工作区布线、水平布线、垂直主干布线及建筑群主干布线 4 个布线子系统，以及楼层配线管理和设备间两个管理子系统构成，如图 5-7 所示。其中水平布线、垂直主干布线及建筑群主干布线这 3 个布线子系统是固定不变的，而两个管理子系统和工作区子系统是可变的，综合布线的灵活性主要表现在工作区布线及配线设备管理子系统[8]。

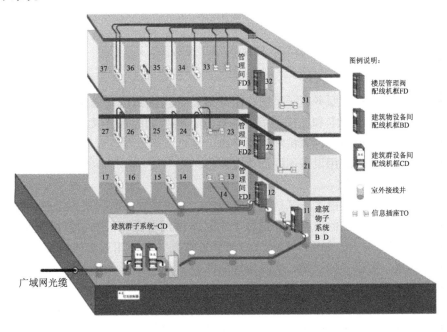

（a）

图 5-7　综合布线系统结构（一）

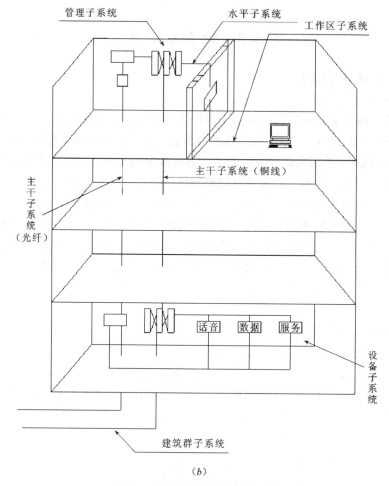

图 5-7　综合布线系统结构（二）

（1）工作区子系统

工作区子系统又称为服务区子系统，由终端设备连接到信息插座（TO）的跨接线组成，它包括信息插座、网卡和连接所需的跨接线。典型的终端连接系统如图 5-8（a）所示。终端设备可以是电话、计算机和数据终端，也可以是仪器仪表、传感器和探测器，工作区布线随着系统终端应用设备不同而改变。

（2）水平布线子系统

水平布线子系统一般由工作区信息插座模块、水平缆线、配线架等组成，实现工作区信息插座和管理间子系统的连接，亦即将电缆从本楼层各工作区的信息插座（TO）连接到楼层配线架（FD）上，如图 5-8 所示。水平子系统一般使用双绞线电缆，常用的连接器件有信息模块、面板、配线架、跳线架等附件。

（3）干线（垂直）子系统

干线子系统是把建筑物各个楼层管理间的配线架连接到建筑物设备间的配线架，也就是负责连接管理间子系统到设备间子系统，实现中间配线架与主配线架的连接，如图 5-9 所示。从图 5-8 和图 5-9 可以看到，该子系统由管理间配线架 FD、设备间配线架 BD 以及它们之间连接的缆线组成。这些缆线包括双绞线电缆和光缆。一般这些缆线都是垂直安装的，因此，在工程中又称为垂直子系统。

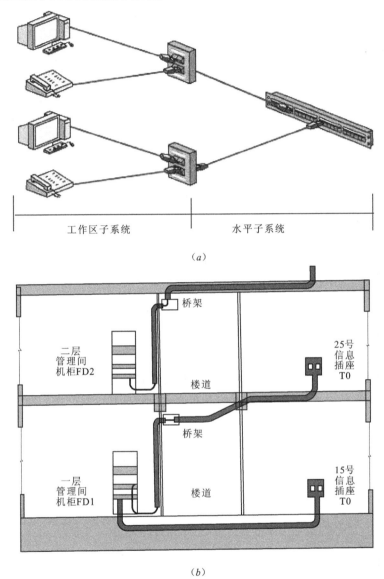

（a）

（b）

图 5-8　工作区与水平子系统构成

（a）工作区子系统和水平子系统结构示意图；（b）水平子系统布线路由示意图

（4）管理间子系统

管理间子系统又称电信间或配线间，是专门安装楼层机柜、配线架、交换机的楼层管理间，使各楼层水平布线与垂直干缆相连接。管理间一般设置在每个楼层靠中间位置的弱电井内，对于信息点较少、无弱电井的建筑物，也可将楼层管理间设置在房间的一个角或者楼道内，若在楼道，必须使用壁挂式机柜。

管理间子系统既连接水平子系统，又连接干线子系统，从水平子系统过来的电缆全部端接在管理间配线架中，然后通过跳线与楼层接入层交换机连接，如图 5-10 所示。布线系统的灵活性和优势主要体现在配线管理上，只要简单的跳线就可以完成任何一个信息插座对任何一类智能系统的连接，极大地方便了线路重新布置和网络终端的调整。

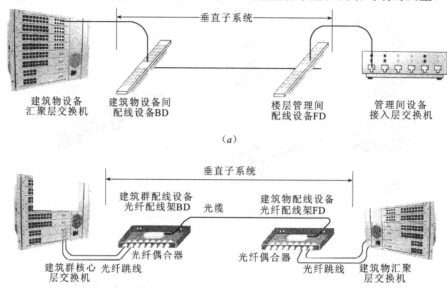

（a）

（b）

图5-9　干线（垂直）子系统构成

（a）垂直子系统原理图（电缆）；（b）垂直子系统原理图（光缆）

（5）设备间子系统

设备间子系统就是建筑物的网络中心，也称为建筑物机房。一般智能建筑物都有一个独立的设备间，它是对建筑物的全部网络和布线进行管理和信息交换的地方，也就是全楼信息的出口和入口部位。

图5-11所示为设备间子系统原理图，从图中看到，建筑物设备间配线设备 BD 通过线缆向下连接建筑物各个楼层的管理间配线设备 FD，向上连接建筑群汇聚层交换机。

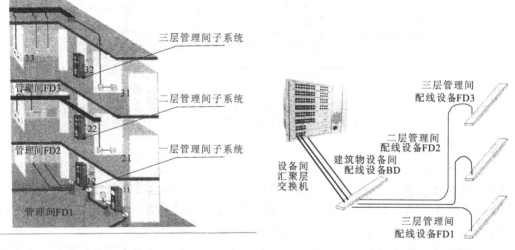

图5-10　管理间子系统

图5-11　设备间子系统

（6）建筑群子系统

建筑群子系统主要实现建筑物与建筑物之间的通信连接，一般采用光缆并配置光纤配线架等相应设备，它支持楼宇之间通信所需的硬件，包括缆线、端接设备和电气保护装置。如图 5-12 所示。

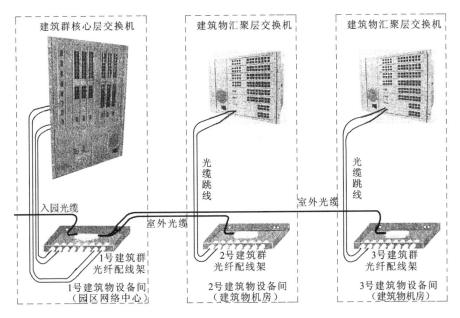

图 5-12　建筑群子系统

3. 常用综合布线系统线缆与设备

（1）双绞线电缆

双绞线（Twisted Pair，TP）是由两根具有绝缘保护层的铜导线组成，把两根绝缘的铜导线按一定密度互相绞在一起，可降低信号干扰的程度，是综合布线工程中最常用的一种传输介质。由于输入信号和输出信号各使用一对双绞线，因此综合布线工程使用的双绞线都是多对双绞线构成的双绞线电缆。连接用户插座的是 4 对双绞线构成的 8 芯电缆，干线使用多对双绞线构成的大对数电缆，如 25 对电缆、100 对电缆。

按导线传输信号频率的高低，双绞线电缆分为 5 类、超 5 类、6 类等多种。5 类及超 5 类其传输特性规格为 100M～155MHz，是构建 10M/100M 局域网的主要通信介质；6 类传输特性规格为 1000MHz，适合千兆以太网。按电缆是否屏蔽，分为非屏蔽双绞线电缆（Unshielded Twisted Pair，UTP）和屏蔽双绞线电缆（Shielded Twisted Pair，STP）。目前非屏蔽双绞线电缆的市场占有率高达 90%，主要用于建筑物楼层管理间到工作区信息插座等配线子系统部分的布线，也是综合布线工程中施工最复杂，材料用量最大，质量最主要的部分。双绞线表示方式如 CAT5. UTP 表示 5 类非屏蔽双绞线。

（2）光缆

是光导纤维电缆的简称。与电缆相比，光缆的频带宽、容量大、损耗小，没有电磁辐射，不会干扰邻近电器，也不会受电磁干扰。

光缆的芯线里可以是一根光纤，也可以是多根光纤捆在一起。光缆末端与光接收机连接时，不能用整根光缆连接，而是要使用一根单芯光缆进行连接，这根光缆称为光纤跳接线。

光缆连接采用光纤连接器。光纤按传输点模数分单模光纤和多模光纤两大类，从传输性能方面考虑，目前多选用单模光纤。

（3）网络模块

综合布线工程用户端使用 RJ45 型信息插座，RJ45 型插座与 RJ45 连接头（水晶头）是综合布线系统中的基本连接器。

网络模块面板常用的有单口面板和双口面板，可根据需要，选择适合墙面、地面安装，分别具备防尘、防水等功能。

（4）配线架

是电缆或光缆进行端接和连接的装置，在配线架上可进行互连式交接操作，用来完成干线与用户线分接。铜缆配线架系统分 110 型配线架系统和模块式快速配线架系统，光缆使用光缆配线架。

110 型配线架有 25 对、50 对、100 对、300 对连接块等多种规格可应用于所有场合，特别是大型电话应用场合，也可应用在配线间接线空间有限的场合。模块式快速配线架又称为机柜式配线架，有 24 口、48 口、96 口等几种端口规格。

（5）交换机

交换机（Switch）和网络集线器（Hub）、路由器（Router）这些网络设备并非布线系统产品，尽管不要求布线设计安装人员调试网络，但对网络结构和设备状况的了解有助于与用户的网络工程师协同工作。这些综合布线系统网络周边产品在此不多作介绍，可参阅相关资料。

典型综合布线线缆与设备如图 5-13 所示。

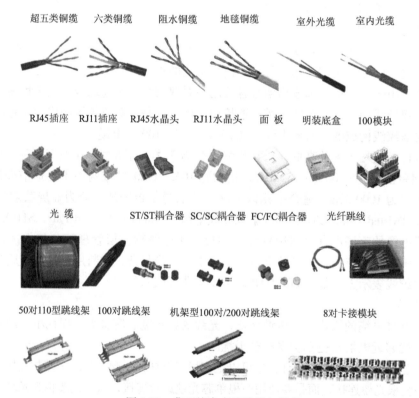

图 5-13　典型综合布线线缆与设备

二、综合布线系统施工图设计要点

1. 确定工作区信息点数量

在进行综合布线设计之前，首先根据建筑平面图，并按照用户的需求确定工作区。如按每 $5\sim10\text{m}^2$ 设置一个工作区，大致估算出每一个楼层的工作区多少，既可计算出整个大楼的工作区信息点数量。每个工作区配备几个信息插座，这要看业主对大楼如何定位。如果按最低配置，每个工作区配备一个 RJ45 插座，则可计算出每层楼需配备 RJ45 插座的个数。当网络使用要求尚未明确时，宜按表 5-2 规定配置。

常见工作区信息点的配置原则　　　　　　　　　　表 5-2

工作区类型及功能	安装位置	信息点数量	
		数　据	语　音
网管中心、呼叫中心、信息中心等终端设备较为密集的场地	工作台附近的墙面集中布置的隔断或地面	1 个/工位	1 个/工位
集中办公区域的写字楼、开放式工作区等人员密集场所	工作台附近的墙面集中布置的隔断或地面	1 个/工位	1 个/工位
研发室、试制室等科研场所	工作台或试验台处墙面或者地面	1 个/台	1 个/台
董事长、经理、主管等独立办公室	工作台处墙面或者地面	2 个/间	2 个/间
餐厅、商场等服务业	收银区和管理区	1 个/50m²	1 个/50m²
宾馆标准间	床头或写字台或浴室	1 个/间，写字台	1~3 个/间
学生公寓（4 人间）	写字台处墙面	4 个/间	4 个/间
公寓管理室、门卫室	写字台处墙面	1 个/间	1 个/间
教学楼教室	讲台附近	2 个/间	0
住宅楼	书房	1 个/套	2~3 个/套
小型会议室/商务洽谈室	主席台处地面或者台面会议桌地面或者台面	2~4 个/间	2 个/间
大型会议室，多功能厅	主席台处地面或者台面会议桌地面或者台面	5~10 个/间	2 个/间
大于 5000m² 的大型超市或者卖场	收银区和管理区	1 个/100m²	1 个/100m²
2000~3000m² 中小型卖场	收银区和管理区	1 个/30~50m²	1 个/30~50m²

工作区信息点确定后，接下来就是制作点数统计表。点数统计表的做法是首先按照楼层，然后按照房间或者区域逐层逐房间的规划和设计网络数据、语音信息点数，再把每个房间规划的信息数量填写到点数统计表对应的位置。每层填写完毕，就能够统计出该层的信息点数，全部楼层填写完毕，就能统计出该建筑物的信息点数。

【例 5-3】某研发楼信息点数统计表，见表 5-3。

某研发楼信息点数统计表　　　　　　　　　　表 5-3

房间号		x01		x02		x03		x04		x05		x06		x07		x08		x09		x10		x11		x12		x13		x14		x15		合计	
楼层号		TO	TP	TO	TP	TO	TP	TO	TP	TO	TP	TO	TP	TO	TP	TO	TP	TO	TP	TO	TP	TO	TP	TO	TP	TO	TP	TO	TP	TO	TP	TO	TP	Σ
四层	TO	2		8		2		0		10		15		10		4		10				10										71		
	TP		2		8		2		0		15		10		0		10				10										67	
三层	TO	2		10		1		10		2		0		2		15		4		10		10		4		10				10		90		
	TP		2		10		1		10		2		0		2		15		4		10		10		2		10				10		88	

续表

房间号	楼层号	x01		x02		x03		x04		x05		x06		x07		x08		x09		x10		x11		x12		x13		x14		x15		合计		
		TO	TP	TO	TP	TO	TP	TO	TP	TO	TP	TO	TP	TO	TP	TO	TP	TO	TP	TO	TP	TO	TP	TO	TP	TO	TP	TO	TP	TO	TP	TO	TP	Σ
二层	TO	4		2		1		2		1		2		2		2		2		0		4		16		4		22		12		76		
	TP		2		2		1		2				2		2		2		2		0		4		16		4		2		12		54	
一层	TO	2		34		14		0		24		0		17		0		1		116		16				14				2		240		
	TP		2		34		2		24		0		3		0		1		10		16				2				2		96	
合计	TO																																477		
	TP																																	305	
	Σ																																		782

2. 各子系统选用导线类型的要求

工作区子系统通常选择 5 类双绞电缆，而选择水平子系统的线缆，要根据建筑物信息的类型、容量、带宽和传输速率来确定。线缆具体选择可参照以下几点进行：

（1）一般数据传输在 10Mbit/s 以上，可采用 5 类或更高类别的双绞电缆。

（2）高速率或特殊要求的场合可以采用光纤。

垂直主干布线子系统针对数据传输多选用光缆，而针对语音传输（电话信息点）目前多采用 5 类双绞线。

应当注意的是，综合布线系统设计中，所选的配线电缆、连接硬件、跳线、连接线及信息插座等类别必须相一致。

3. 各子系统线缆长度的要求

（1）水平电缆是指从楼层配线架 FD 到信息插座间的电缆，其长度最多为 90m，可外加 5m 楼层配线架和 5m 工作区连线。故每条水平电缆的最大长度是 100m，其一端接至楼层的配线架上，另一端接至工作区的 RJ45 信息插座。

（2）主干布线长度要求是：建筑群配线架（CD）到楼层配线架（FD）间的距离不应超过 2000m，建筑物配线架（BD）到楼层配线架（FD）的距离不应超过 500m。当超过上述距离时，可以分区进行布线，使每区的主干布线满足本条规定的距离要求。布线的长度要求如图 5-14 所示[9]。

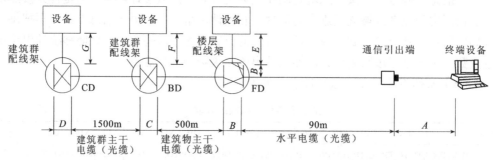

$A+B+E \leqslant 10m$　水平子系统中工作区电缆、工作区光缆、设备电缆、设备光缆和接插软线或跳线的总长度；

C和$D \leqslant 20m$　在建筑物配线架或建筑群配线架中的接插软线或跳线长度；

F和$G \leqslant 30m$　在建筑物配线架或建筑群配线架中的设备电缆、设备光缆长度

图5-14　综合布线的系统结构及其电缆、光缆最大长度

4. 确定路由

档次比较高的建筑物，一般都有天花板，水平走线可在天花板（吊顶）进行。一般建筑物，水平子系统采用地板下管道布线方法。垂直走线是通过弱电井。

5. 配线架设计

对配线架的设计主要内容包括两个方面：配线架种类的选择和容量的确定。根据所选择的水平线缆的种类，可以决定是选择双绞线配线架还是光纤配线架。现在工程上多采用模块化配线架。

配线架中与水平线缆相连的部分称作配线架水平端，而与垂直主干相连的部分称作配线架垂直端。配线架的容量是由水平线缆和主干线缆的数量决定的，在设计时一般把配线架水平端、垂直端分开考虑，分别加以计算。

【例5-4】某办公楼综合布线设计实例。

某办公大楼，高十层，建筑面积 $8000m^2$。计算机中心设在一层，电话主机房设在一层，但不在同一位置。

用户需求：依据甲方要求，每层划分为 50 个工作区，每个工作区（每 $8 \sim 10m^2$ 为一个工作区）设双孔信息插座一个，分别支持语音和数据，每层共计 50 个数据点、50 个语音点；整幢大楼总计数据点 500 个，语音点 500 个；数据水平系统使用 5 类非屏蔽双绞线，语音水平系统使用 3 类非屏蔽双绞线；数据垂直主干系统采用光纤，语音垂直主干系统采用 3 类 50 对大对数电缆。

综合布线设计方案（摘要）：

该方案可支持 100MHz 的数据传输，其系统图如图 5-15 所示。

（1）工作区。包括所有用户实际使用区域。共设数据点 500 个、语音点 500 个。数据点采用 5 类非屏蔽信息模块，语音点采用 3 类非屏蔽信息模块，使用双口墙上型插座面板。

（2）水平布线。水平布线连接信息插座至配线间，数据传输使用 5 类非屏蔽四对双绞线，语音传输使用 3 类非屏蔽四对双绞线；由建筑物平面图可算出最远信息点至配线间距离不超过 90m，信息口到终端设备连接线，和配线架之间连接线之和不超过 10m。

（3）配线管理间。配线间的配线设备采用统一的色标来区别各类用途的配线区，综合布线的每条电缆、光缆、配线设备、端接点、安装通道和安装空间均给定唯一的标志，标志中包括名称、颜色、编号、字符串或其他组合；配线设备、缆线、信息插座等硬件均设置不易脱落和磨损的标识，并有详细的书面记录和图纸资料。

（4）垂直干线布线。垂直干线是将各楼层配线间信息连接到设备间并送至最终接口，垂直干线的设计必须满足用户当前的需求，同时又能适合用户今后的要求。本实例采用 6 芯多模室内光缆，支持数据信息的传输，采用 3 类 50 对非屏蔽电缆，支持语音信息的传输。

（5）设备间。设备间是整个布线系统的中心单元。计算机中心设在一层，电话主机房设在一层，实现每层楼汇接来的电缆的最终管理。设备间是对整个系统进行管理的场所。室内照明不低于300lx，室内应提供 UPS 电源配电盘，以保证网络设备运行及维护的供电。

配线架机柜及线槽、管道安装应良好接地，接地线可与大楼联合接地共用接地装置相接，接地电阻要求 $<1\Omega$。

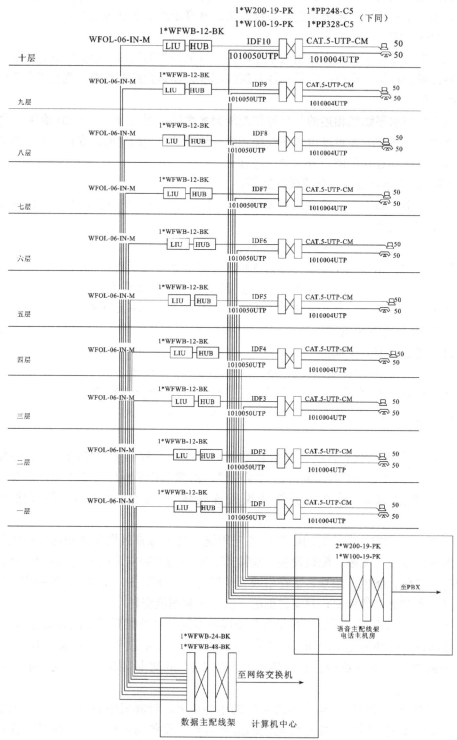

图 5-15　某办公大楼综合布线系统图

【课堂练习】

针对图5-15，在教师指导下，参照表5-3形式，以楼层为单位，列出设备材料表。

三、综合布线系统施工

综合布线系统的施工过程可以分为两大类：第一是布管及布线的施工，第二是连接设备的安装施工。

1. 布管及布线施工

布管及布线的施工具有较大的一般性，因为各厂商生产的UTP铜缆和光缆的物理特性、通信特性、外形尺寸、内部结构都几乎完全相同，都必须满足EIA/TIA-568中的严格规定，施工的对象具有一般性。布线方式一般要求如下：

（1）水平子系统的布线方式

水平子系统的布线方法一般可采用以下三种类型：预埋管线布线方式、先走吊顶内线槽再走支管到信息出口的方式和地面线槽方式。

预埋管线布线方式是在土建施工阶段，采用钢管或PVC塑料管预埋在现浇楼板中，钢管或塑料管由竖井内配线架直接引至墙面或柱面接线盒处，也可与地面出线盒配合使用。这种方式具有节省材料、配线简单、技术成熟等优点，其局限性在于建筑楼板的厚度可能不够，现浇楼板厚度一般在80～120mm之间，而使用较多管径在20～32mm之间，如果发生管线交叉，只能牺牲建筑层高。该方式一般用于信息点少的地方。

先走吊顶内线槽再走支管到信息出口的布线方式，线槽由金属或阻燃高强度PVC材料制成，配有各种规格的转弯线槽、T字形线槽等。安装时尽量将线槽放在走廊的吊顶内，以便于维护。由弱电间出来的线缆先走吊顶内的线槽，到各房间后，经分支线槽将电缆穿过一段支管引向墙柱或墙壁，沿墙而下到本层的信息出口，或沿墙而上引到上一层的信息出口，最后端接在用户的信息插座上，如图5-16所示。

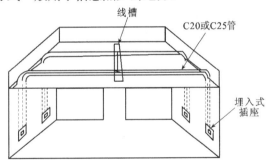

图5-16　先走吊顶线槽再走支管布线法

地面线槽方式就是由弱电间出来的缆线走地面线槽到地面出线盒，引至信息出口的接线盒。由于地面出线盒不依赖于墙或柱体直接走地面垫层，因此这种方式适用于大开间或需要打隔断的场合，不足之处是增加造价、局部利用率不高。

（2）干线子系统的布线方式

建筑物垂直干线布线通道可采用电缆孔或电缆竖井等方式。

电缆孔方式通常是用一根或数根直径为100mm的金属管做成，浇筑混凝土时嵌入在地板中，比地板表面高出25～50mm，也可直接在地板中预留一个大小适当的孔洞。电缆往往捆在钢绳上，而钢绳又固定到墙上已铆好的金属条上。当配线间上下都对齐时，一般可采用电缆孔方法。

电缆井方式是指每层楼上开出一些方孔，将电缆捆在支撑用的金属桥架上，使电缆可以穿过这些电缆井从该楼层延伸到相邻的楼层。电缆井的大小依所用电缆的数量而定。在很多情况下，电缆井不仅仅是为综合布线系统的电缆而开设的，其他许多系统如有线电视系统、设备监控系统、消防系统、安防系统等智能化系统所用的电缆也都与之共用同一个电缆井。如果共用，有线电视电缆宜用金属板与其他线缆分开，这主要是因为有线电视电缆传输的是射频信号，而其他电缆传输的是音视频或控制信号，所以为了防止有线电视电缆对其他电缆电磁干扰，需要用金属板加以分开。

（3）建筑群子系统的布线方式

建筑群间布线可采用架空布线、直埋布线、管道内布线三种方式。

架空布线法通常只用于有现成电线杆，虽然成本低，但不仅影响美观，且保密性、安全性和灵活性也差，因而不是理想的建筑群布线方法。

直埋布线电缆，除了穿过基础墙的那部分电缆有导管保护外，电缆的其余部分都没有管道给予保护。如果在同一土沟里埋入了通信电缆和电力电缆，应设立明显的共用标志。直埋布线法优于架空布线法。

管道布线是由管道和人孔组成的地下系统，它把建筑群的各个建筑物进行互连。图 5-17 给出一根或多根管道通过基础墙进入建筑物内部的结构。由于管道是由耐腐蚀材料做成的，这种方法给电缆提供了最好的机械保护，而且能保持建筑物原貌。

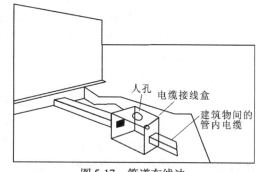

图 5-17　管道布线法

2. 双绞线设备安装

双绞线设备安装主要包括双绞线水晶头端接、信息插座端接与安装、配线架端接与安装等。

（1）双绞线水晶头制作

双绞线水晶头制作目前有 T568A 和 T568B 标准，端接方式见图 5-18 所示。

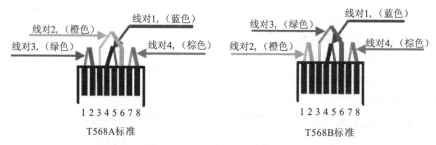

图 5-18　双绞线水晶头的端接方式

（2）信息插座端接

信息插座的核心部件是模块化插座孔和内部连接件。对绞线在信息插座上进行终端连接时，必须按缆线的色标、线结组成以及排列顺序进行卡接，如为 RJ45 系列的连接硬件，其色标和线对组成及排列顺序应按 EIA/TIAT568A 或 T568B 的规定办理。

（3）信息插座安装

安装在墙体上的信息插座，宜高出地面 300mm，如地面采用活动地板时，应加上活动地板内净高尺寸。

装在活动地板或地面上的信息插座，应固定在接线盒内，插座面板有直立和水平等形式，接线盒盖可开启，并应严密防水、防尘。接线盒盖面应与地面齐平。

【例 5-5】信息插座模块的端接

　　模块化信息插座分为单孔和双孔，每孔都有一个 8 位/8 路插脚（针）。M 系列信息插座模块端接方法步骤如图 5-19 所示。图中 M100 按 T568B 标准端接。其中步骤 1、2、3、4 为蓝对的端接，5、6 为绿对的端接，7、8 为橙对的端接，9、10 为棕对的端接。

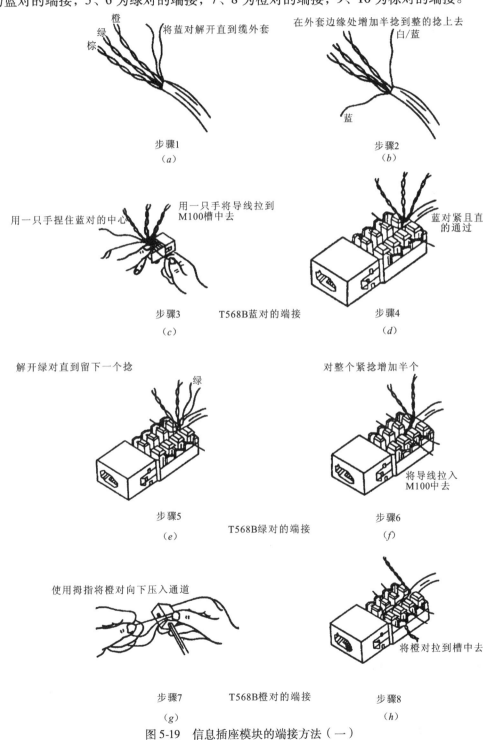

图 5-19　信息插座模块的端接方法（一）

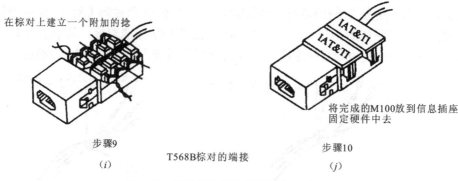

用帽盖或冲击工具将导线修整好并压入

在棕对上建立一个附加的捻

步骤9
(i)

T568B棕对的端接

将完成的M100放到信息插座
固定硬件中去

步骤10
(j)

图 5-19　信息插座模块的端接方法（二）

端接时注意：

（1）线对的颜色必须与 M100 侧面的颜色标注相匹配，以便使用正确类型的 M100。这些颜色标注还用来区别"T568B"布线选项。

（2）整个操作过程要保证电缆不移动，当线缆移动时，性能可能下降。

任务 3　信息化应用系统

信息化应用系统（Information technology application system，ITAS）是以建筑物信息设施系统和建筑设备管理系统等为基础，为满足建筑物各类业务和管理功能的多种类信息设备与应用软件而组合的系统（又称其为办公自动化系统）。综合型智能建筑的信息化应用系统，一般包括两大部分：一是服务于建筑物本身的办公自动化系统，如物业管理、运营服务等公共管理服务部分；二是用户业务领域的办公自动化系统，如金融、外贸、政府部门等专用办公系统。

一、信息化应用系统内容及功能

1. 智能建筑信息化应用系统内容

智能建筑信息化应用系统包括工作业务应用系统、物业运营管理系统、公共服务管理系统、公众信息服务系统、智能卡应用系统和信息网络安全管理系统等其他业务功能所需要的应用系统。

随着计算机网络产品（包括软、硬件）质量不断提高，以及数据库技术的成熟和软件工程方法的发展，信息化应用系统已成为计算机技术的重要应用领域。因此，智能建筑信息化应用系统是由计算机技术、网络通信技术、信息处理技术、管理科学以及人组成的一个综合系统。典型的事务型办公信息应用系统如图5-20所示。

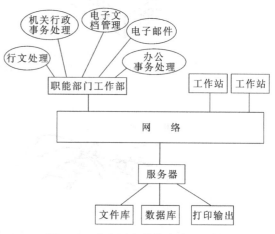

图 5-20　事务型办公信息应用系统

2. 智能建筑信息化应用系统功能

智能建筑信息化应用系统应提供快捷、有效的业务信息运行的功能，应具有完善的业务支持辅助的功能，其具体要求如下：

（1）工作业务应用系统应满足该建筑物所承担的具体工作职能及工作性质的基本功能。

（2）物业运营管理系统应对建筑物内各类设施的资料、数据、运行和维护进行管理。

（3）公共服务管理系统应具有进行各类公共服务的计费管理、电子账务和人员管理等功能。

（4）公众信息服务系统应具有集合各类公用及业务信息的接入、采集、分类和汇总的功能，并建立数据资源库，向建筑物内公众提供信息检索、查询、发布和导引等功能。

（5）智能卡应用系统应具有作为识别身份、门匙、重要信息系统密匙，并具有各类其他服务、消费等计费和票务管理、资料借阅、物品寄存、会议签到和访客管理等管理功能。

（6）信息网络安全管理系统应确保信息网络的运行保障和信息安全。

除上述要求外，其他业务功能视建筑物功能不同而定。

二、信息化应用系统中的软、硬件设备

1. 硬件设备

办公自动化是多种最新技术的集成，各种先进的办公设备是实现办公自动化的基础，大致包括如下几类设备：

（1）计算机设备　包括各种规格、型号的计算机及其外部设备；

（2）文字处理设备　包括中英文打字机、文字处理机、复印机、制版机、胶印机、电子和激光照排机等；

（3）语音处理设备　包括各种电话机、录音机、语音识别与合成系统等；

（4）图形、图像处理设备　包括摄录像机、扫描仪、绘图仪、传真机等；

（5）信息传输设备　包括传真机、电话通信系统、各种局域网、远程网等；

（6）其他支持设备　包括缩微处理系统、电视与电话会议系统、大屏幕投影设备等。

2. 系统软件

信息化应用通用系统软件一般提供服务功能模块、系统功能模块、管理功能模块等，通用信息管理软件具备以下一些特点：

（1）通用管理型软件；

（2）全面导入 ISO9000 管理模式；

（3）创造性友好界面设计，使繁琐的事务变得轻松自如；

（4）功能强大的查询、统计总览以及报表自定义功能；

（5）具有收费系统诸多功能点；

（6）深受欢迎的远程服务、技术支持功能；

（7）便捷、高效、科学有序的全面文档管理系统；

三、智能建筑信息化应用系统应用实例

【例 5-6】通用办公管理系统

通用办公管理系统包括 13 个功能模块。如图 5-21 所示。

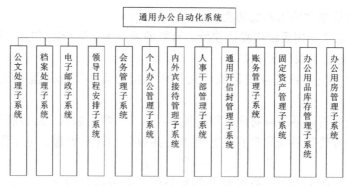

图 5-21　通用办公管理系统框图

（1）公文处理

主要功能包括：文件登录、文件审批、文件流转、文件发布、文件打印等。

（2）档案管理

主要功能包括：目录管理、归档处理、档案使用统计、销档处理等。

（3）电子邮政

主要功能包括：信件收发处理功能、电子公告板功能、用户信息管理功能等。

（4）领导日程安排

主要功能包括：活动信息登录、活动安排显示及查询等。

（5）会务管理

主要功能包括：会议登录、会议审批、会议纪要登录、会议室信息维护、查询统计等。

（6）个人办公管理

主要功能包括：文字处理软件、电子表格软件、简报制作软件、个人资料管理软件等。

（7）内外宾接待管理

主要功能包括：内外宾接待信息维护、内外宾接待信息查询等。

（8）人事干部管理

主要功能包括：人事档案管理、人员结构统计等功能。

（9）通用开信封管理子系统

主要功能包括：管理通信录、设定信封格式、选择通信录、数据库维护等。

（10）账务管理子系统

主要功能包括：凭证登录/维护、凭证审核、凭证过账、报表打印等。

（11）固定资产管理子系统

主要功能包括：固定资产卡维护、资产使用状态维护、资产折旧、资产查询统计打印等。

（12）办公用品库存管理

主要功能包括：库存单据维护、库存查询、库存报表打印、物品代码维护等。

（13）办公用房管理

主要功能包括：办公用房基本数据维护、代码维护、办公用房数据查询、统计等。

单　元　小　结

智能建筑信息设施与信息化应用系统是本书的重点之一。信息设施与信息化应用系统涉及技术面广，本书仅作基本介绍。本单元共分三个任务。任务一及任务二重点论述了智能建筑中的电话、有线电视及综合布线系统，针对各系统首先讲解了系统组成及典型设备，然后阐述系统的设计与施工要点。任务三简要介绍智能建筑信息化应用系统结构，并重点举例物业管理信息应用系统。

通过本单元理论知识的学习和基本技能实训，明白信息设施系统的相关规范、工程设计及施工的基本内容和基本方法，学会识读电话、有线电视、综合布线系统施工图，了解设备接线，为从事信息设施设计和施工打下基础。

技能训练9　双绞线水晶头与信息插座的端接

一、实训目的

1. 掌握双绞线水晶头的端接；

2. 掌握综合布线信息插座的端接；

3. 熟悉综合布线常用设备、元件；

4. 熟悉使用综合布线常用工具。

二、实训所需材料、设备

1. 双绞线、水晶头、信息插座；

2. 综合布线压线钳等常用工具，综合布线验证测试仪等。

三、实训内容、步骤

1. 参考图5-18，分别制作 T568A 和 T568B 双绞线水晶头端接，并通过测试仪验证。

2. 参考图5-19，制作 T568B 信息插座端接，并测试验证。

3. 教师测试、检查验收。

思　考　题　与　习　题

一、填空题

1. 智能化大厦在通信方面一般具有_____等等。

2. 电话交接箱安装分_____两种。

3. 有线电视用户分配系统的用途是将干线的信号能量均匀地分配给每台用户电视机，一般由_____等组成。

4. 综合布线系统是由_____构成。

5. 综合布线系统的灵活性和优势主要体现在_____方面。

6. 水平电缆最大长度不超过_____。

7. 网络中的安全问题有_____等。

8. 物业信息管理系统是办公自动化应用于物业管理行业的_____。

9. 智能建筑信息化应用系统包括_____。

二、简答题

1. 简要论述什么是综合布线系统？

2. 综合布线系统的工作区对安装有什么要求？

单元6 建筑智能化工程实施与管理

【**本单元要点**】智能建筑能否达到预期功能,既要重视智能化工程实施过程的质量监控,更要重视后期运行的智能化管理。本单元重点介绍两个内容,一是智能化工程实施程序及管理过程,二是智能化建筑管理的重要性以及管理内容、目的及其管理职责。

教学导航

教	重点知识	1. 了解智能建筑实施要点 2. 了解智能化工程施工过程管理 3. 了解智能化工程施工管理措施 4. 了解建筑设备智能化管理内容及措施
	难点知识	1. 智能化工程施工过程管理 2. 智能化工程施工管理措施
	推荐教学方式	1. 本单元目的要求学生了解两个内容:一是智能化工程实施,二是智能化建筑的管理。内容适度,以课件讲解为主。 2. 学生分小组选题并演讲,作为对该课程知识的拓展及总结。 3. 教师需提前布置选题任务,建议在课程学习中间时间,任务布置参见本书技能训练10。 4. 学生演讲,师生共同参与评价
	建议学时 (4学时)	理论2学时:参照本书电子版单元6课件
		实践2学时:参照本书技能训练10
学	推荐学习方法	1. 对智能化工程实施及智能化建筑管理有一定了解。 2. 围绕本书智能建筑为题材,收集资料,选题,并制作PPT演讲稿。要求参照本书技能训练10。 3. 在收集资料过程中,对本书所学内容,自己总结、复习。 4. 巩固知识概念,完成本单元课后练习,并做自主评价,参考答案参照本书电子版单元6习题答案
	必须掌握的 理论知识	1. 了解智能建筑实施要点。 2. 了解智能化工程施工过程管理
	必须掌握的技能	1. 基本理解智能化工程项目施工组织管理。 2. 能通过收集资料,了解智能建筑国内外现状及发展趋势

任务1 建筑智能化工程实施

楼宇智能化系统类型多且构成复杂、技术先进、施工周期较长、作业空间大、使用的设备和材料品种多,在工程实施过程中的设计、安装、验收、管理等每个环节都有相当的难度。因此,要建成名副其实的智能建筑,发挥智能化系统应有的功能与投资效益,必须加强工程设计、施工管理和质量控制。

一、智能建筑实施要点

根据建设主管部门对设计、施工的有关规定，智能化系统工程的实施应制定全面的质量保证体系以确保设计合理和工程施工质量，其实施可分规划设计、工程实施、工程验收与质量评定三个阶段。

1. 智能化系统规划设计

规划设计是实现楼宇智能化系统建设目标的第一步，应充分遵循设计原则，避免因设计不合理带来的经济损失。智能化系统规划设计步骤包括：

（1）确定开发商与用户的实际需求；

（2）建筑物智能化系统环境调研；

（3）根据行业规定与功能需求确定设计要求；

（4）方案设计；

（5）组织设计方案评审；

（6）工程施工图的深化设计；

（7）编制工程预算。

2. 智能化系统工程实施

工程实施是实现楼宇智能化系统建设目标的过程，应严格遵循设计要求，避免因工程实施中的失误而带来的经济损失。智能化系统工程实施步骤包括：

（1）智能化系统工程施工图会审；

（2）编制智能化系统施工进度表；

（3）配合土建工程完成室外布线；

（4）配合室内预装修工程完成室内布线；

（5）完成主机设备、探测器安装和线路端接；

（6）分系统完成调试；

（7）分系统进行验收；

（8）系统联调；

（9）系统开通试运行；

（10）系统软件完善；

（11）物业管理人员培训。

3. 楼宇智能化系统工程验收与质量评定

智能化系统工程验收与质量评定，是对楼宇智能化系统的设计、功能、产品以及工程施工质量的全面检查。通常由房地产开发商组织有关职能部门、系统工程承包商、工程施工单位进行全面的工程验收和质量评定。在智能化系统稳定运行三个月以后，具备了相关条件，即可组织验收。

（1）工程验收的文件准备。包括竣工报告书、验收规范、系统功能描述、技术参数设定表、竣工图与有关资料、系统测试报告等。

（2）工程验收条件。承接单位应完成下列工作才可进行智能化系统工程验收，包括对系统操作和管理人员的培训、对系统维护和维修人员的培训、制定规范化的系统操作规程、具备系统正常运行记录与报警信息的处理记录等。

（3）工程的验收质量评定。包括对照系统验收规范，对各类系统检查、测试其功能与运行可靠性，审查工程竣工图和竣工资料，现场工程施工质量检查与评估，智能化系统功能复核检查与评估，通过工程验收报告书等。

二、智能化工程施工过程管理

1. 工程前期工作

在智能化工程前期应做好如下工作：

（1）组织有关人员学习和掌握有关的规范和标准

住宅小区智能化系统工程的施工，应严格遵守建筑弱电安装工程施工、验收规范以及所在地区的安装工艺标准和当地有关部门的各项规定。

（2）掌握好智能化系统的设计要点

投资者要根据所开发小区的实际情况（如售楼对象、售楼价格、工程投资概算、售楼策略等）综合加以分析，合理地设计系统的功能定位，即小区智能化系统哪些功能要考虑，哪些功能不一定要考虑。应合理地进行选择，不能盲目追求高档次。设计要以人为本，考虑系统的适用性、可靠性、可实施性、开放性、先进性等。

（3）重视工程施工组织设计方案编制

施工组织设计方案是工程施工过程中的标尺，很多系统集成商都不太重视，以为施工方案只是应付工程监理及投资方，实际上，详细的施工方案是工程实施管理的指导思想，能对工程实施过程中的工程质量、安装工艺、时间计划安排等方面实现宏观控制。

2. 施工阶段的管理

（1）加强智能化系统建设的技术管理

智能化系统建设的技术管理工作流程如图 6-1 所示。

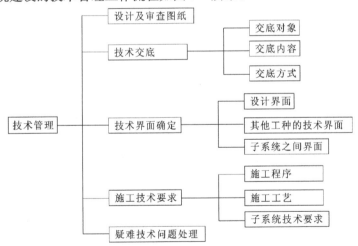

图 6-1　智能化系统建设的技术管理工作流程图

熟悉和审查图纸。熟悉图纸的目的是了解设计意图，掌握设计内容及技术条件；审查图纸是核对土建与安装图纸之间有无矛盾和错误，明确各专业间的配合关系。

技术交底。交底对象是指设计单位与工程安装承包商之间的技术交底，其内容有设计要求、细部作法和施工组织设计中的有关要求等，技术交底的方式包括书面技术交底、会议交底等。技术交底应遵循针对性、可行性、完整性、及时性和科学性原则，并做好交底记录，并将记录装入工程技术档案中。

技术界面确定。确定子系统与其他工种的设计界面、各子系统之间的设计界面，例如：与空调、供配电、照明、消防等工种的设计界面，与对受控对象的控制信号、接收或控制接口，各子系统之间的联动功能的设计界面。明确各子系统的联动方式、接口方式、集成的通信协议（所选的设备通信协议是否一致，能否在一个平台上集成）等子系统之间界面确定。除此之外还要与其他工种（机电设备、土建、装饰等）进行技术界面确定。

施工的技术要求。主要对施工程序和施工工艺的要求。施工程序遵循：管道敷设→设备箱安装→管道疏通→线路敷设→线路检验→设备安装→单体调试→系统调试→竣工验收。

（2）智能化系统建设的工程管理

工程施工管理工作流程如图 6-2 所示。

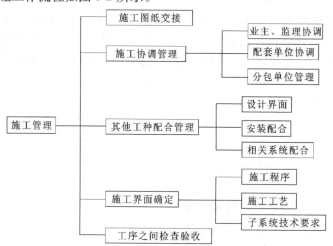

图 6-2　工程施工管理工作流程图

施工图纸的交接。图纸交接要仔细、清楚，注意图签、日期、设计人员签名等事项，在各自图纸上做好标志，并整理存放，交接时手续要齐全。

施工协调管理。首先要与业主、土建总包、监理、各主承包等方面协调；其次与其他配套单位协调，如电梯供应商、消防施工单位、电信局、有线电视台及其他机电设备供应商的协调工作；最后做好各智能化子系统分包单位的协调工作。

与其他工种之间的配合管理。智能化系统工程涉及土建、装饰、空调、给水排水、供电、照明、电梯等专业施工单位，但在某种意义上，智能化系统工程又是配合工种，因此，在工程现场，必须与上述专业施工单位密切配合与协调。

加强工序之间的检查与验收。在各子系统施工过程中，每一个施工环节必须检查，对不符合施工规范的施工要坚决加以整改，将质量隐患消灭在萌芽时期。最后，加强施工记录与档案资料管理。

3. 工程竣工验收阶段管理

智能化系统工程验收分为隐蔽工程、分项工程和竣工工程三个步骤进行。

（1）隐蔽工程验收

智能化系统安装中的线管预埋、直埋电缆、接地极等都属隐蔽工程，这些工程在下道工序施工前，应由建设单位代表（或监理人员）进行隐蔽工程检查验收，并认真办理好隐蔽工程验收手续，纳入技术档案。

（2）分项工程验收

在某阶段工程结束，或某一分项工程完工后，由建设单位会同设计单位进行分项验收；有些单项工程则由建设单位申报当地主管部门进行验收，如安全防范系统由公安技防部门验收，卫星接收电视系统由广播电视部门验收。

（3）竣工验收

工程竣工验收是对整个工程建设项目的综合性检查验收。在工程正式验收前，应由施工单位进行预验收，检查有关的技术资料、工程质量，发现问题及时解决好。

三、智能化工程施工管理措施

1. 施工工期保障措施

工期保障是建设及投资方资金"回拢"的关键。智能化系统在住宅工程建设中是个配合工种，工期依赖于土建、安装、装修等的工程进度，施工计划住往要随其他工种工期而调整，因此必须制定相应的措施来保障其按合同时间完成。

（1）编制工作计划，并制定措施保证计划实施。

为了确保工期，应编制确定设计准备工作计划、设计进度计划、阶段计划和各专业计划。制定措施实施进度控制，由专人负责计划的实施和监督计划的按期完成，灵活掌握，灵活调整。计划保证措施流程图如图6-3所示。

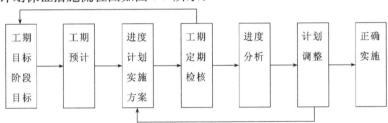

图6-3　工程施工计划保证措施流程图

（2）实施责任到人制度。将责任落实到人，使责任人目标明确，做到各负其责，层层落实，环环相扣。

（3）制定安全技术保证措施，设专职安全负责人，以保证工程的按期完成。

（4）协调各施工单位、各专业、各工序间的配合，合理科学地执行计划安排，接受总包及监理公司的进度监控。

2. 安全文明施工管理措施

安全文明施工是工程顺利实施的有力保障，智能化小区的施工面积较大，情况复杂，工程施工难度不小，因此要严格按照国家有关的安全条理和管理措施文明施工。安全文明施工管理措施较多，通常包括制定安全生产责任制、安全员职责、安全防火制度、登高作业规范等。

任务2　建筑设备智能化管理

建筑物一经投入使用，就需要良好的经营管理和维护管理。智能建筑由于其增设了大量的智能化设备系统，更加需要有专人对建筑物本体和其中的设备设施进行维护和保养，及时地进行维修和更新。建筑物及设施的完好，不仅可以降低其寿命周期成本，延长使用寿命，而且可以使物业增值。

一、建筑设备智能化管理概述

1. 智能化建筑的特点及需求

与传统建筑相比，智能建筑有以下优点：

（1）创造了安全、健康、舒适宜人的工作生活环境

智能建筑有全套安保自动监控系统，有火灾自动报警、消防自动灭火系统等，对温度、湿度、照度等建筑环境可以自动调节等等，所有这些为人们带来了更加安全、健康、舒适的生活工作环境，从而大大提高工作效率。

（2）节约能源

以现代化的商厦为例，其空调与照明系统的能耗很大，约占大厦总能耗的2/3。在满足使用者对环境要求的前提下，智能大厦通过采用自动控制等最新技术，充分利用自然光和大气冷量（或热量）调节室内环境，以最大限度减少能源消耗。

（3）现代化的通信手段与办公条件大大提高工作效率

在信息时代，智能建筑被称为信息高速公路的"节点"。利用智能建筑中信息设施与信息化应用系统，企业或政府机关可以统一调度各部门运作，实现信息共享、互访和传递；同时用户可以通过互联网进行多媒体信息传输和收集，互联网从根本上改变人们的生活、工作方式，提高生活质量。

（4）能满足多种用户对不同环境功能的要求

传统建筑是根据事先给定的功能要求，完成其建筑与结构设计。智能建筑要求其建筑结构设计必须具有智能功能，必须是开放式、大跨度框架结构，允许用户迅速而方便地改变建筑物的使用功能或重新规划建筑平面。室内办公所必需的通信与电力供应也具有极大的灵活性，通过结构化综合布线系统，在室内分布着多种标准化的弱电与强电插座，只要改变跳接线，就可快速改变插座功能，如变程控电话为计算机通信接口等。这些为灵活运用建筑空间，最大限度地发挥物业价值创造了条件。

（5）使物业管理信息化、智能化

物业设备系统的智能化监控管理，可以自动进行安全和灾情报警；自动监控水、电、空调等运行设备，显示设备运转情况，进行故障诊断以便及时维护；智能物业还可以实现车辆出入，水、电、煤气自动计费收费；网上传递服务信息等等。

2. 为什么要进行建筑设备管理

建筑物本体及其中的设备设施都是有寿命的，通常建筑物本体的寿命在60~70年左右，而设备的寿命在6~25年不等。建筑物一经投入使用，就需要良好的运行管理和维护管理。

智能化建筑在寿命周期中，其设备成本各项费用的比例分配（%）如图6-4所示。可见，设备的建设费用仅占据了整个设备成本的15%，其余均为各种管理费用。因此，科学、合理的物业设备管理是对设备从使用、维护保

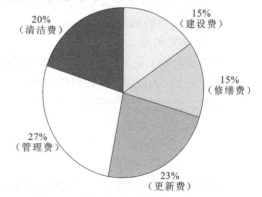

图6-4　设备成本各项费用的比例

养、检查维修、更新直至报废的过程中进行技术管理和经济管理，使设备始终可靠、安全、经济地运行，直接体现整个物业的使用价值和经济效益。

设备技术性能的发挥、使用寿命的长短，在很大的程度上取决于设备管理的质量。设备在其寿命周期内发生故障的情况可表示为故障曲线，其形状像一个浴缸，称之为"浴槽曲线"，如图6-5所示。图中1、2、3三条曲线分别代表了三种不同的保养方式，可见采取预防保养可以大大延长设备的使用寿命。

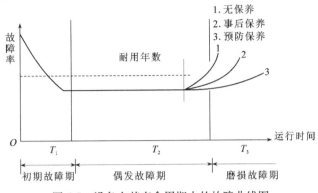

图6-5　设备在其寿命周期内的故障曲线图

二、建筑设备智能化管理内容及措施

1. 建筑设备管理的内容

（1）建筑设备运行管理

建筑设备运行管理的主要任务是保证设备安全、正常运行，并且在技术性能上应始终处于最佳运行状态，以发挥设备的最佳效用。其内容包括建立合理的运行制度和运行操作规定、安全操作规程等运行要求（标准），并建立定期检查运行情况和规范服务的制度等。

（2）建筑设备维护维修管理

建筑设备要定期进行维护保养，主要采取清洁、润滑、防腐等措施，对长期运行的设备要巡视检查、定期更换，轮流使用，进行强制保养。实践证明，设备的完好与否和寿命长短很大程度上取决于维护管理的优劣。

设备维修一般包括零星维修工程、中修工程、大修工程等。

（3）建筑设备更新改造管理

设备更新就是以新型的设备来替代原有的老设备。任何设备都有寿命，如果设备使用达到了它的技术寿命或经济寿命，必须更新，否则，其效率低、能耗大、年维护费高，可能会发生严重事故。

（4）建筑设备资料管理

建筑设备基础资料的管理可以为设备管理提供可靠的条件和保证。在对建筑设备进行管理的工作中，对所管理物业的设备及设备系统，要有齐全、详细、准确的技术档案，主要包括设备原始档案和设备维修资料。

2. 建筑设备智能化管理措施

管理措施主要包括两大类。一类是对智能化系统设备管理采取的措施，另一类是对管理人员制定的管理职责。与智能化系统管理密切相关的规章制度非常多，而且各个物业管理公司都是根据本公司管理物业的实际情况来制定，下面列举一般物业管理公司设备管理制度典型实例，仅供参考。

【例6-1】火灾自动报警系统日常维护管理

保证火灾自动报警系统连续正常运行及可靠性，对建筑物的消防安全是十分重要的。火灾自动报警系统必须经当地消防监督机构验收合格后方可使用，任何单位和个人不得擅自决定使用。

1. 火灾自动报警系统的维护管理应注意以下几点：

（1）应有专人负责火灾自动报警系统的管理、操作和维护，无关人员不得随意触动。系统的操作维护人员应由经过专门培训，并由消防监督机构组织考试合格的专门人员担任。值班人员应熟练掌握本系统的工作原理及操作规程，应清楚了解建筑物报警区域和探测区域的划分以及火灾自动报警系统的报警部位号。

（2）火灾自动报警系统应保持连续正常运行，不得随意中断运行。如一旦中断，必须及时通报当地消防监督机构。

（3）为了保证火灾自动报警系统的连续正常运行和可靠性，应根据建筑物的具体情况制定出具体的定期检查试验程序，并依照程序对系统进行定期的检查试验。在任何试验中，都要做好准备，以防出现不应有的损失。

2. 火灾自动报警系统应进行以下的定期检查和试验：

（1）每日检查

使用单位每日应检查集中报警控制器和区域报警控制器的功能是否正常。检查方法：有自检、巡检功能的，可通过扳动自检、巡检开关来检查其功能是否正常；没有自检、巡检功能的，可采用给一只探测器加烟（或加温）的方法使探测器报警，一来检查集中报警控制器或区域报警控制器的功能是否正常。同时，检查复位、消音、故障报警的功能是否正常。如发现不正常，应在日登记表中记录并及时处理。

（2）季度试验和检查

使用单位每季度对火灾自动报警系统的功能应做下列试验和检查：

1）按生产厂家说明书的要求，用专用加烟（或加温）等试验器分期分批试验探测器的动作是否正常。试验中发现有故障或失效的探测器应及时更换。

2）检验火灾警报装置的声、光显示是否正常。试验时，可一次全部进行试验，也可部分进行试验。试验前一定要做好妥善安排，以防造成不应有的恐慌或混乱。

3）对备用电源进行1~2次充放电试验，进行1~3次主电源和备用电源自动切换试验，检查其功能是否正常。具体试验方法：切断主电源，看是否自动切换到备用电源供电。4h后，再恢复主电源供电，看是否自动由备用电源切换到主电源供电。同时检查备用电源是否正常充电。

4）有联动控制功能的系统，应自动或手动检查消防控制设备的控制显示功能是否正常。

5）检查备品备件、专用工具及加烟、加温试验器等是否齐备，并处于安全无损和适当保护状态。直观检查所有消防用电设备的动力线、控制线、报警信号传输线、接地线、接线盒及设备等是否处于安全无损状态。

6）巡视检查探测器、手动报警按钮和指示装置的位置是否准确，有无缺漏、脱落和丢失。

（3）年度检查试验

使用单位每年对火灾自动报警系统的功能应做全面检查试验，并填写年检登记表。

【例 6-2】智能建筑设备管理中心人员岗位职责

1. 主管工程师岗位职责

（1）负责中控室的全面管理工作。

（2）负责设备维护检查工作，制定建筑设备年维修计划。

（3）负责员工培训。

（4）若有火灾发生，马上赶到中控室，确保通讯和消防设备的正常运行。

2. 中控室值班长岗位职责

（1）在部门经理和工程师的领导下负责中控室的运行管理。

（2）综合调度处理中控室事件，并负责有关事件的对外联系。

（3）负责中控室值班员的日常工作安排。

（4）协助主管工程师主持消防系统、设备监控自动化系统、保安监控系统等运行管理、维修保养等工作。

3. 中控室值班员岗位职责

（1）负责监控消防自动化系统，建筑设备监控管理系统、视频监控系统及电梯集控屏，防止和监控各种非法行为和意外的发生。

（2）监视、打印、记录各主要设备投入运行、停止时间、状态，根据实际情况调整运行参数并上报上级主管。

（3）故障、报警或紧急情况发生时沉着冷静，及时通知相关人员，采取相应措施。

（4）中控室每时每刻都必须有人值班，不得无故擅离岗位。按规定填写有关值班记录，包括中控室运行记录、消防火灾自动报警系统运行记录、中控室值班日志、特殊事件处理登记表、未处理事件汇总表等，交换班时应交接清楚后方可离开岗位。

（5）值班员上洗手间，需有人代值，如有急事确需外出，应报当值主管人员批准，待有同事接替后才能离开。当值超时无人接班，亦须通知主管人员，直至有人接班后方能下班。

（6）爱护中控室的设施设备，熟练掌握各种设备的操作性能，不得让非当值人员随便动用设备。

（7）保持中控室整洁、安静的工作环境。当值人员应保持得体的坐、立姿势，不得吸烟、吃零食，不得聚集闲谈、阅读书报等。

单　元　小　结

智能化系统的设计、施工、安装与调试过程是系统工程的实施过程，也是比较复杂和细致的工程。而智能建筑建成投入使用的后期管理也非常重要，管理的好坏决定了智能建筑的使用寿命。本单元共分两个任务。任务一简要论述了智能化工程实施过程及管理措施。任务二简要介绍智能建筑的管理内容及措施。

技能训练 10　国内外智能化建筑现状与发展趋势演讲

一、实训目的

1. 多方面了解国内外智能化建筑现状与发展趋势；

2. 具备智能建筑方面资料收集、整理、演讲等能力。

二、实训场地与要求

1. 实训场地：多媒体教室；

2. 3～4 人为一小组，分组演讲；

3. 以 PPT 幻灯片等多媒体形式演讲。

三、实训内容、步骤

1. 教师至少提前三周布置任务，学生分组完成；

2. 以"国内外智能化物业现状与发展趋势"为主题，依据收集的资料自己拟副题，如"我国智能住宅小区现状"、"家庭智能化未来发展方向"等等；

3. 每小组演讲限时 10 分钟，演讲前先介绍组员分工；

4. 教师及其他小组按五分制打分并加以评价；

5. 以组为单位上交演讲电子文稿。

四、考核标准

1. 主题鲜明、内容先进，占 50%（考核资料收集能力）；

2. 条理清楚，图文并茂，表述清楚，参考依据，占 50%（考核资料整理能力）；

3. 各组打分及教师打分汇总平均，作为该小组成绩。

思　考　题　与　习　题

1. 智能化工程设计应遵循什么原则？

2. 智能化系统工程施工分哪三个阶段？

3. 楼宇智能化系统管理的基本内容是什么？

单元7　建筑智能化工程实例

实例 1　某大厦建筑设备监控管理系统工程设计

一、工程概述

某大厦工程，地下 1 层，地上 7 层，建筑面积为 15000m²，集办公、教学、餐饮、宾馆、休闲健身于一体，是一幢多功能的现代化建筑。本例对该大厦做建筑设备监控系统。

二、设计原则

根据建设单位的实际需求和经济承受能力，经过充分沟通，确定设计原则如下：

（1）对空调系统、制冷系统及送风系统的监控尽可能全面细致。

（2）对建筑物所有公共照明系统能进行分区控制，局部特殊要求部位能实现照度分级控制。

（3）监视配电系统的主要运行参数，提供故障报警信号。

（4）对给水排水系统重点监控泵房设备的运行情况，提供较完备的维护和故障报警功能。

（5）实时监控电梯的运行情况。

三、监控功能确定

1. 冷冻站系统

本工程冷冻站系统由冷冻机、冷却塔、冷冻泵和冷却泵组成。系统通过控制应达到节约能源、安全运转的目的。具体监控功能如下：

（1）冷水机组、冷冻水泵、冷却水泵、冷却塔风扇的运行状态监测及故障报警；

（2）按冷冻机启停工艺要求顺序启停相应的冷冻水泵、冷却水泵、冷却塔及有关阀门；

（3）用水流开关监视水流状态；

（4）监测冷冻水的供回水温度、压力和供水流量，监测冷却水供回水温度；

（5）根据冷冻水的供水流量和供回水温差计算建筑物的实际冷负荷，据此控制冷水机运行台数，节约能源，提高设备使用效率；

（6）根据冷冻水供回总管压差，控制冷冻水旁通阀的开度，调节管网压差，保证供水压力稳定；

（7）根据冷却水供回水温度，控制冷却水旁通阀的开度及冷却塔风扇的启停，保证冷却水温度满足工艺要求和最大限度的节约能源。

根据制冷设备厂家提供的通讯协议，预留接口将冷水机组控制系统本身的各种监控点纳入楼宇自控系统。

2. 换热站系统

本工程中，换热站系统通过换热器完成城市供热与楼内生活和供暖水系统之间的热交换，提供生活用热水和空调取暖用水。换热站系统控制最终达到的目的是节能、舒适和安全，具体监控功能是：

（1）在换热器一、二次管路上通过安装温度传感器测量水温；

（2）在换热器一次水进口设置调节阀，调节阀门开度使二次出水温度保持在设定值；

（3）在每台循环水泵处安装水流开关，监视水泵运行情况；

（4）根据系统时间表和使用情况控制水泵的启停，并监视水泵状态，自动进行主备泵的切换；

（5）记录设备运行参数和统计设备累计运行时间，平衡设备使用率，提醒管理人员定期检修；

（6）加装流量计，满足用户计量和统计方面的要求。

3. 空调新风系统

空调机组和新风机组系统都是用来调节空气温湿度的设备，对其监控的内容基本相同。本工程共有全空气调节机组 1 台，新风机组 15 台。

具体监控功能如下：

（1）监视送风和新风温度，计算空气焓值；

（2）通过设置在过滤网和风扇两侧的压差开关，监视过滤网和风扇状态；

（3）通过盘管处的防冻开关监视空气温度，防止气温过低损坏盘管；

（4）通过调节在冷水管道上的阀门，调节送风温度；

（5）根据要求控制风扇的启停；

（6）根据新回风焓值调节风门开度和新回风比例以降低能耗。

实现空调系统的监控需要在设备上加装一些采样和控制装置。此类工作应尽可能在空调设备现场安装之前进行，以保证仪表安装位置的工艺要求。

4. 照明系统

照明系统主要解决公共区域照明控制问题，其基本功能如下：

（1）监视接触器触点的状态、配电盘手自动状态；

（2）通过时间设定控制接触器的分合；

（3）通过系统提供的控制信号控制接触器的分合。

照明设计尽可能以简单地完成控制功能为前提，设计上根据容量划分回路，应该在开始设计的时候与用户详细讨论照明方案，选用适量照明智能节点控制箱，完成照明自动控制和节能的要求。

5. 配电系统

变配电系统自身一般有相对完善的监控和保护方案，但管理中心要求能够实时了解和控制变配电室的情况。因此，基本上是个遥测和遥控的问题。对变配电系统监控的内容可以根据用户的要求增减，一般监控功能包括：

（1）监视低压断路器、母联开关、配电开关的开关状态及事故跳闸报警；

（2）测量电压、电流、功率因数、有功功率及有功电能，对总用电量进行记录和统计，对高峰负荷、日用电量、平均用电量等指标进行分析和管理。

6. 给水排水系统

该系统监控功能是：

（1）监视水池水位，超限报警；

（2）监视和控制各水泵的启停、故障信号；

（3）累计各设备运行时间，提示管理人员定时维修；

（4）根据各泵运行时间，自动切换主备泵，平衡各设备运行时间。

7. 电梯系统

电梯系统不但是楼宇内最频繁使用的设备，也是关系到人身安全的重要设备，对电梯系统的监控内容主要是位置监视、故障报警、紧急控制。现代电梯是一个高度自动化的完整系统，能输出必要的运行参数和故障信息，且能进行自动保护。楼宇自控系统对电梯的遥测、遥控必须得到电梯厂家的全力支持，如提供数据接口和协议或加装输出端子，以保证电梯安全、可靠运行。

四、工程实施

1. 分析并确定被控设备数量，其被控设备清单如表7-1所示。

某大厦被控建筑设备清单

表7-1

系　　统	设备名称	数量	单位	备　　注
空调制冷系统	冷水机组	3	台	
	冷冻水泵	3	台	
	冷却水泵	3	台	
	冷却水塔	3	台	
	空调机组	1	台	泳池专用
	新风机	15	台	各楼层用
热交换系统	换热器	5	台	生活热水换2台，空调换热3台
	热水循环泵	4	台	两主两备
送排风系统	排风机	3	组	顶楼、泳池和厨房各一组
变配电系统	配电室	2	台	配电室
	变压器	2	台	
照明系统	照明配电箱	8	个	每层公共空间和室外照明
给排水系统	给水泵	3	台	生活冷水
	给水箱	2	个	
	排水泵	4	台	
	污水池	2	个	
	水池	1	个	
电梯系统	电梯	2	部	

2. 绘制系统监控原理图

（1）给水排水监控

给水排水监控原理如图 7-1 所示。

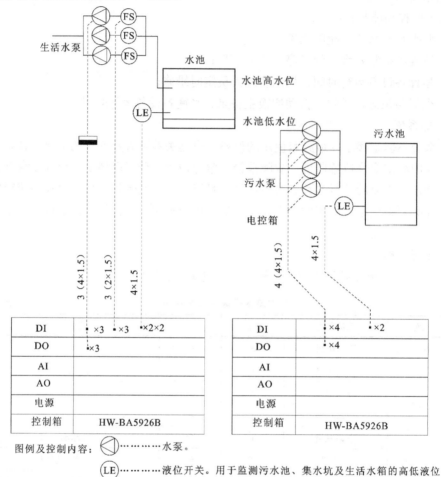

图例及控制内容：⊘‥‥‥‥‥水泵。

(LE)‥‥‥‥‥液位开关。用于监测污水池、集水坑及生活水箱的高低液位

(FS)‥‥‥‥‥水流开关。通过监测水流状态来监视水泵运行情况

图 7-1　给水排水监控原理图

（2）空调机组监控

空调机组监控原理如图 7-2 所示。

（3）新风机组监控

新风机组监控原理如图 7-3 所示。

（4）制冷机房监控

冷冻站监控原理如图 7-4 所示。

冷冻/冷却水泵监控原理如图 7-5 所示。

（5）换热站监控

换热站监控原理如图 7-6 所示。

（6）变配电监控

变配电监控原理如图 7-7 所示。

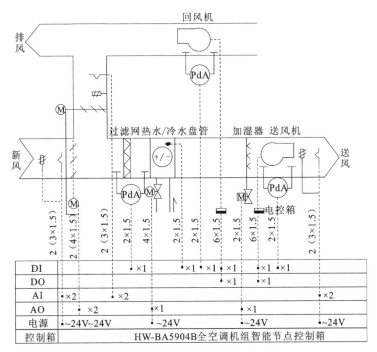

DI			×1		×1	×1 ×1		×1 ×1		
DO			×1			×1				
AI	×2		×2							×2
AO		×2		×1			×1			
电源	~24V	~24V		~24V			~24V			~24V
控制箱	HW-BA5904B全空调机组智能节点控制箱									

图例及控制内容：

- 风道温度传感器。主要用于新风、送风及回风温度监测
- 风道湿度传感器。主要用于新风、送风及回风湿度监测
- (M) 风阀执行器。用于新风风阀及回风风阀的调节控制
- (PdA) 空气压差开关。用于风机故障检测及过滤器状态监测
- 二通阀及执行器。用于冷冻水水流调节控制
- 防冻开关。用于盘管低温监测、防止盘管冻裂

图 7-2　空调机监控原理图

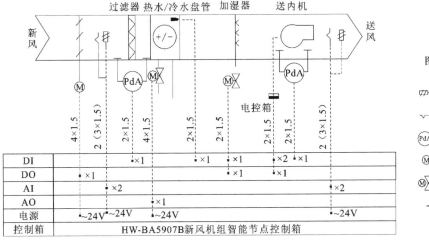

DI			×1		×1	×1		×2 ×1	
DO	×1					×1		×1	
AI		×2							×2
AO			×1						
电源	~24V	~24V		~24V					~24V
控制箱	HW-BA5907B新风机组智能节点控制箱								

图例：

- 风道湿度传感器
- 风道温度传感器
- (PdA) 空气压差开关
- (M) 风阀执行器
- 二通阀及执行器
- 防冻开关

图 7-3　新风机组监控原理图

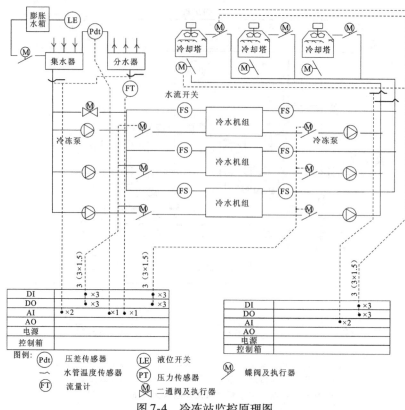

图7-4　冷冻站监控原理图

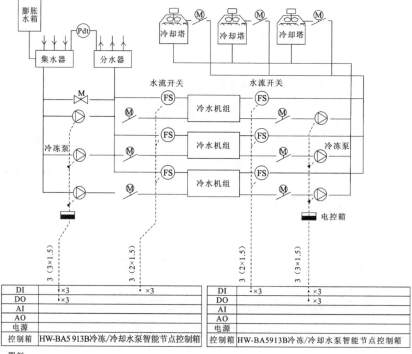

图7-5　冷冻/冷却水泵监控原理图

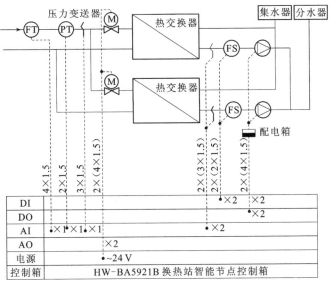

| 压力变送器 | | | | | 集水器 | 分水器 | |

图例及控制内容:			

水管温度传感器。测量冷冻水/冷却水进出水温度

二通阀及执行器。供水管水流流量调节

FT —— 流量计。监测供水流量

PT —— 压力传感器。监测一次水供水压力

FS —— 水流开关。通过监测水流状态来监视水泵运行情况

—— 循环泵

图 7-6　换热站监控原理图

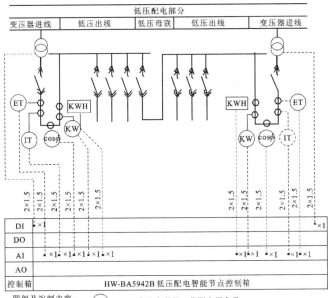

图例及控制内容:

ET —— 电压变送器。监测电压参数

IT —— 电流变送器。监测电流参数

cosφ —— 功率因数变送器。监测功率因数参数

KW —— 有功功率变送器。监测有功功率参数

KWH —— 有功电能变送器。监测有功电能参数

图 7-7　变配电监控原理图

3. 建筑设备监控系统 DDC 分布图

该系统选用某公司 HW—5000 系列产品。系统中所有的控制和管理设备均可通过 LonWorks 现场总线连接在一起，因此在完成上述各子系统控制点分析后，将其按分布区域进行统计，每个系统均采用智能节点控制箱，确定控制箱的种类和数量。该例建筑设备监控系统 DDC 分布如图 7-8 所示。

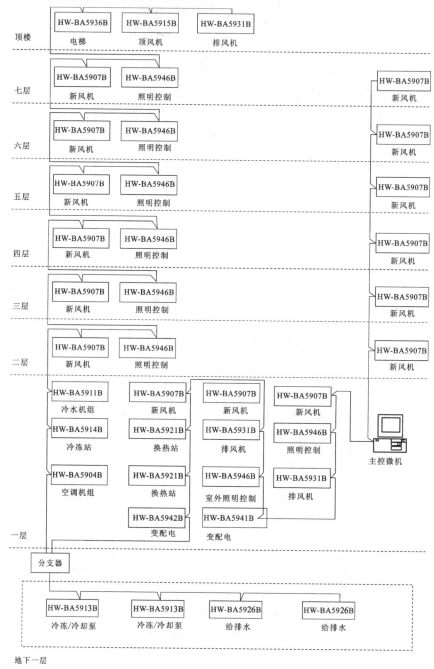

图 7-8　某大厦建筑设备监控系统 DDC 分布图

4. 编制监控点表

监控点总表如表 7-2 所示。

某大楼建筑设备监控点总表　　　　　　　　　　　　　　　　表 7-2

位置及设备	控制点描述	类　型				设备名称（选型参见相关资料）
		A1	AO	DI	DO	
泵房 生活冷水泵 3 台 排水泵 4 台 给水箱 2 台 水池 1 个 污水坑 2 个	冷水泵启停				1×3	
	冷水泵状态			1×3		
	冷水泵故障			1×3		水流开关
	水箱水位报警			2×2		液位开关
	排水泵启停				1×4	
	排水泵状态			1×4		
	污水坑高水位			2		液位开关
	合计			16	7	
	智能节点控制箱配置	HW-BA5926B 给排水智能节点控制箱 3 台				
一到七层及室外照明，共 8 个照明配电箱	智能节点控制箱配置	HW-BA5946B 照明智能节点控制箱 8 台				
配电室变压器 2 台	变压器高温报警			1×2		
	电流	1×2				交流电流变送器
	电压	1×2				交流电压变送器
	有功功率	1×2				有功功率变送器
	电能	1×2				电能变送器
	功率因数	1×2				功率因数变送器
	各主回路状态			1×8		
	合计	10		10		
	智能节点控制箱配置	HW-BA5941B 低压配电智能节点控制箱 1 台 HW-BA5942B 低压配电智能节点控制箱 1 台				
顶层、泳池、厨房处 3 组排风机共 18 台	排风机启/停控制				2×18	
	排风机运行状态			1×18		
	合计			18	36	
	智能节点控制箱配置	HW-BA5931B 送排风智能节点监控箱 3 台				
电梯控制室 电梯 2 部	电梯运行位置			1×2		
	电梯运行状态			1×2		
	合计			4		
	智能节点控制箱配置	HW-BA5936B 电梯智能节点监控箱 2 台				

位置及设备	控制点描述	类型				设备名称 （选型参见相关资料）
		A1	AO	DI	DO	
制冷机房 冷冻机 3 台 冷却塔 3 台 空调机组 1 套 冷冻泵 3 台 冷冻泵 3 台	冷冻水供水温度	1				水管温度传感器
	冷冻水回水温度	1				水管温度传感器
	冷却水供水温度	I				水管温度传感器
	冷却水回水温度	1				水管温度传感器
	冷冻机组监控					冷水机组智能控制箱
	分集水器压差	1				水流压差传感器
	旁通阀控制		1			二通阀（带执行）
	冷却塔风机启停				1×3	
	冷却塔风机状态			1×3		
	冷冻水流量监测	1				流量计
	冷冻水供水水流状态			1×3		水流开关
	冷却水供水水流状态			1×3		水流开关
	冷冻泵启停				1×3	
	冷冻泵状态			1×3		
	冷却泵启停				1×3	
	冷却泵状态			1×3		
	合计	6	1	15	9	
	智能节点控制箱配置	HW-BA5911B 冷水机组智能节点控制箱 3 台 HW-BA5913B 冷冻/冷却水泵智能节点控制箱 2 台 HW-BA5914B 冷冻站智能节点控制箱 1 台 HW-BA5915B 顶风机智能节点控制箱 1 台				
一～七层 15 台新风机组	冷热水阀控制		1×15			二通阀（带执行器）
	新风风阀控制				1×15	风阀执行器
	风机启停				1×15	
	风机状态			1×15		
	风机故障			1×15		压差开关
	过滤网状态			1×15		压差开关
	加湿阀状态			1×15		
	加湿阀开关控制				1×15	电动阀及执行器
	防冻数字			1×15		防冻开关
	送风温湿度	2×15				风道温湿度传感器
	新风温湿度	2×15				风道温湿度传感器
	合计	60	15	75	45	
	智能节点控制箱配置	HW-BA9057B 新风机组智能节点控制箱 15 台				

续表

位置及设备	控制点描述	类型				设备名称（选型参见相关资料）
		A1	AO	DI	DO	
换热站 生活热水换热器2台 空调换热器3台 生活热水泵2台 空调热水泵2台	流量测量	1				流量计
	热水调节阀		1×2			二通阀（带执行器）
	一次供水温度	1				水管温度传感器
	一次供水压力监测	1				压力变送器
	二次供水温度	1×2				水管温度传感器
	热水泵启停				1×2	
	热水泵状态			1×2		
	二次供水水流状态监测			1×2		水流开关
	合计	5	2	4	2	
	智能节点控制箱配置	HW-BA5921B换热站智能节点控制箱3台				
空调机组1台	冷热水阀控制		1			二通阀（带执行器）
	新风风阀控制		1			风阀执行器
	回风风阀控制		1			风阀执行器
	送风机启停				1	
	送风机状态			1		
	送风机故障			1		压差开关
	回风机启停				1	
	回风机状态			1		
	回风机故障			1		压差开关
	加湿阀控制		1			电动阀及执行器
	过滤网状态			1		压差开关
	防冻数字			1		防冻开关
	回风温湿度	2×1				风道温湿度传感器
	送风温湿度	2×1				风道温湿度传感器
	新风温湿度	2×1				风道温湿度传感器
	合计	6	4	6	2	
	智能节点控制箱配置	HW-BA5904B全空调机组智能节点控制箱1台				

实例2 某住宅小区智能化系统工程设计

一、工程概述

某小区一期占地 3.67 万 m^2，总建筑面积 9.33 万 m^2，建成后共有 665 户住户。其平面图如图 7-9 所示。

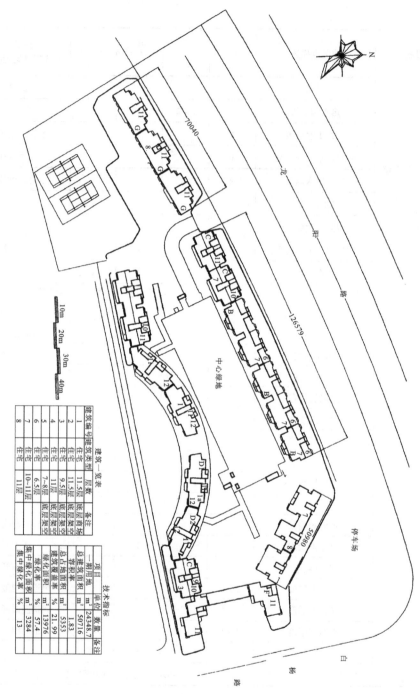

图 7-9　某住宅小区总平面图

二、设计内容

　　该小区智能化系统可分成以下四个子系统：①信息通信系统；②安全防范系统；③建筑设备监控系统；④物业管理系统。对应上述四个功能子系统，按照设备系统分类，配备了十三个设备子系统，具体为：综合布线及局域网系统、周界报警系统、闭路电视监控系统、可视对讲系统、家庭安全防范报警系统、电子巡更系统、背景音乐及广播系统、车库管理系统、公用机电设施管理系统、物业信息管理系统、电子公告系统、小区"一卡通"系统、远程自动抄表系统。系统组成框图见图 7-10。

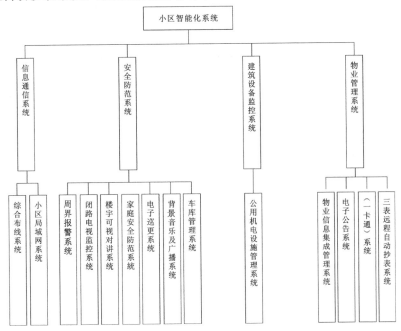

图 7-10　某住宅小区智能化系统组成示意图

三、信息通信系统设计方案

小区网络是宽带 IP 网络的基本组成单元，包括社区节点、楼宇内布线系统以及两者的网络互联等。小区网络的基本结构如图 7-11 所示。

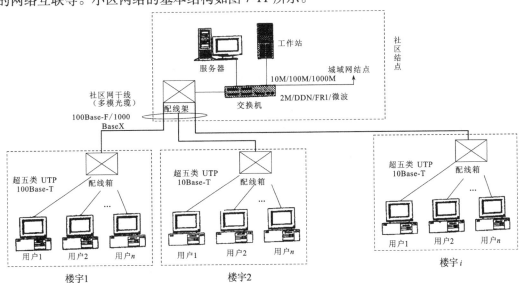

图 7-11　某住宅小区网络基本结构

楼宇内综合布线配线箱采用墙挂式安装在底层楼道，24 户以上配置一个，按综合布线系统要求预埋管线。

四、安全防范系统设计方案

1. 家庭安防系统

采用某公司产品 NCU-2000 家庭智能网络控制器，其系统构成如图 7-2 所示。其主要功能如下：

（1）安防报警功能。控制器与安置在住户家中的红外防盗、燃气泄漏、防火烟感、窗磁开关、求助按钮等多种传感器连接，完成安防报警功能。

（2）远程抄表功能。控制器与住户家中的水、电、气三表相连接，住户和物业管理部门可随时查看三表读数，计算费用。

（3）简短信息接收及查询。控制器可以接收来自物业管理部门的广播通知、气象预报等简短信息，用户可以在控制器显示屏上查看到这些信息。

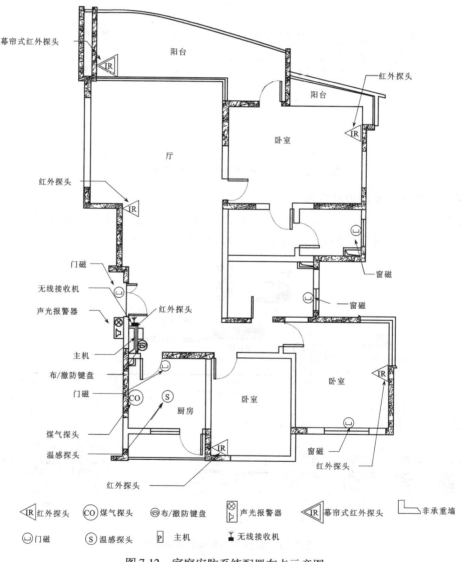

图 7-12 家庭安防系统配置布点示意图

报警点布置如图 7-12 所示。主门安装一磁控开关（门磁），既可以防盗，也可为以后安装其他联动设备做准备；厨房窗、卫生间窗、主卧室窗、次卧室窗、客厅窗各安装一磁控开关（窗磁），由磁控开关（窗磁/门磁）组成外围防区。在客厅安装一个红外探测器作为核心防区。若认为主要的财物均放在主卧室，也可以将红外探测器改到主卧室。

2. 视频监控系统

小区闭路电视监控设备系统图如图 7-13 所示，配置如下：

小区电视监控系统通过布置在小区内 27 台黑白摄像机和 24 对主动式红外探测器对小区的出入口及地下车库、围墙等重要场合进行布控。

在中央控制室，主要配置有 1 台型号为 LTC8300 视频矩阵切换控制器、6 台高清晰度监视器、2 台黑白 16 画面处理器和 2 台录像机。系统配置 16 路报警接口，实现报警图像联动。

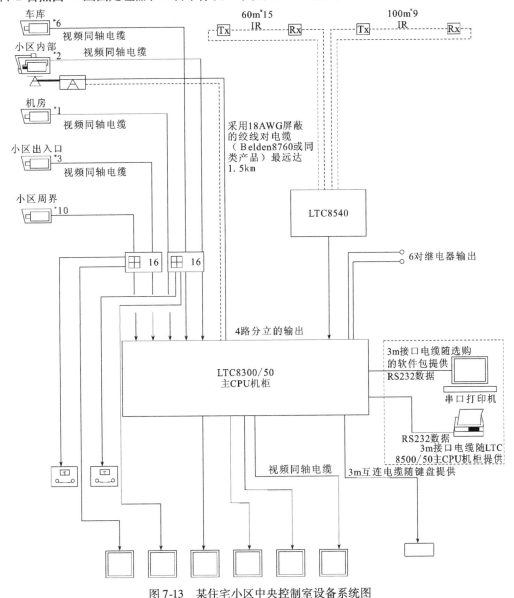

图 7-13　某住宅小区中央控制室设备系统图

3. 小区周界防盗报警系统

依据小区工程围墙地形情况，将周边防护探测器安装在小区围墙上，防止外来入侵。考虑到能够实时反映报警点的具体情况，系统采用联动报警方案，把小区周边连续地分为11 个防区，区与区之间不间断。每个区设有主动式红外报警探测器和与探测器对应的摄像机。当某个防区发生报警，联动摄像机，安保中心就可以实时看到该区发生的情况。

发射装置与接收装置应交叉安装，避免出现盲区。探测器由预埋好的电线供电。系统设备一览表见表 7-3 所示。

某住宅小区周界防范系统设备一览表　　　　　　　　　表 7-3

序 号	产 品 名 称	型 号	数 量	产 地
1	主动式红外对射探测器（30m）	ALIPH ABT-30	7 只	日本
2	主动式红外对射探测器（60m）	ALIPH ABT-60	16 只	日本
3	主动式红外对射探测器（100m）	ALIPH ABT-100	3 只	日本
4	安装支架	定制	26 对	中国
5	电源供应器（AI24V）	定制	2 只	中国
6	辅材			中国

4. 小区巡更系统

小区设置巡逻站 11 个，其设备配置如表 7-4 所示。

某住宅小区电子巡更系统设备一览表　　　　　　　　　表 7-4

序 号	名 称	型 号	数 量
1	巡更软件	PTOY-95	1 套
2	信息采集器	TP-128P	2 只
3	巡逻记录传送器	TPD-F600	1 台
4	巡逻站	TMB-100	11 个
5	电源		1 个

5. 安防控制中心

根据建设单位要求和安全防范规范标准，该小区的安保管理中心就是智能化系统管理中心，由视频监控系统、周界报警系统、住户防盗报警系统、可视访客对讲系统、巡更系统、机电设备控制系统、背景音响与紧急广播系统、消防自动报警系统、大屏显示系统、UPS 电源供电系统等组成。安保管理中心机房在小区 1 号楼的首层 2 单元之内，面积为65m²。安保管理中心机房平面布置图如图 7-14 所示。

6. 停车场管理系统

停车场管理系统结构如图 7-15 所示。该停车场管理系统具备功能如下：

（1）入口处，持卡客户把车停在入口车辆感应器上（系统打开），入口摄像头摄拍汽车图像并存储。卡被确认后入口栅栏打开，车辆通过后自动关闭。

（2）出口处，出口摄像头摄拍的汽车图像与入口摄拍的图像进行人工对比。同时长期卡客户在车内出示感应卡，电脑自动结算费用后打开栅栏机，车辆通过后自动关闭。

（3）系统可对午租卡、月租卡、时租卡进行统一的管理，并备有各种管理报表随时供用户调用。

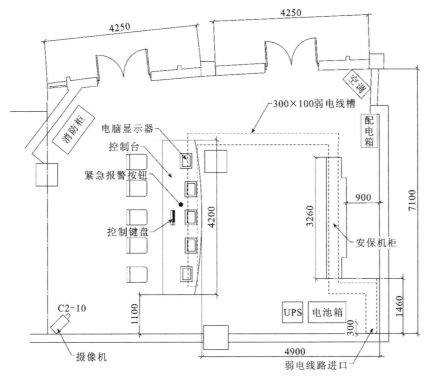

图 7-14 安保管理中心机房平面布置图

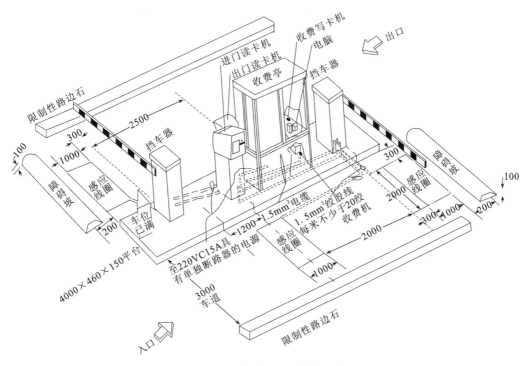

图 7-15 停车场管理系统结构示意图

五、公用机电设备监控系统设计方案

1. 生活水系统

（1）系统构成

生活用给水系统主要设备组成：生活水泵 8 台；生活水箱 3 个；消防水箱 5 个。

（2）监控功能

自动监视生活水泵的工作状态及手自动状态，故障时自动报警。根据对供水总管压力的检测，调节水泵工作状态。自动监视消防水池的高低水位，低水位时，自动启动水泵供水。

2. 污水排水系统

（1）系统构成

污水排水系统主要设备组成：集水坑 15 个；潜水泵 30 台。

（2）监控功能

自动监视潜水泵的工作状态，故障时自动报警，并启动备用水泵工作。可远程自动开启水泵。自动监视集水坑的高低水位，高水位时，自动启动潜水泵排水。自动监视集水坑和污水调节池的水位，超高限报警。

3. 公共照明系统

（1）系统构成

公共照明系统主要设备组成：公共照明 30 路。

（2）监控功能

自动监视各路公共照明的工作状态，故障时自动报警。可远程控制各路公共照明开关，并可按系统设定时间表开关各路公共照明。

4. 变电所温度控制系统

由于变电站属于电业站，不需物业管理公司维护，所以主要电气参数可不纳入系统的监控。仅对变配电室的温度进行监控。

（1）系统构成

变电所温度控制系统主要设备组成：温度探测器 4 个；送排风机 4 个。

（2）监控功能

自动监视各变电所的温度情况，当温度过高时，自动启动送排风机，并可监控送排风机的运行状态及自动状态。

5. 地下车库排风系统

（1）系统构成

变电所排风系统主要设备组成：排风机 9 个。

（2）监控功能

监控送排风机的运行状态、故障状态及自动状态，并可自动启动。

小区共用机电设备监控系统点表见表 7-5。

小区公用设备监控系统点位表　　　　　　　　表 7-5

控制点数／设备名称	数量	模拟输出（AO）				模拟输入（AI）				数字输入（DI）					数字输出（DO）			
		温度调节阀	蒸汽调节阀	风量调节	压差旁通阀	压力检测	回风温度	室内温度	电流	高水位	低水位	运行状态	故障状态	自动状态	开启／停止	开关控制	新回排风门	电加湿器开／关
给水排水系统																		
生活水泵	8											8	8					
生活水箱	3									3	6							
集水坑	15									15	30							
潜水泵	30											30	30	30	30			
消防水箱	5									5	10							
照明系统																		
公共照明设施	30											30				30		
变电所温度控制系统																		
室内温度	4							4										
送／排风机	4											4			4	4		
排风系统																		
地下车库排风机	6											6	6	6	6			
地下自行车库排风机	3											3	3	3	3			
小计		0				4				240					73			

六、物业管理系统设计方案

1. 住宅小区物业信息管理系统

如图 7-16 为该小区物业信息管理系统主界面，该系统主要由如下功能模块组成，即：

（1）房产管理。主要包括房产籍卡、房产栋卡、楼盘信息、单元信息和楼盘展示等。

（2）客户管理。主要包括业主信息、制度信息、二次装修、投诉统计等。

（3）收费管理。主要包括业务处收费管理和水、电、燃气、空调、净水计量计费管理等内容。

（4）安防管理。主要包括保安记录、小区出入管理、停车场管理和消防巡查等内容。

（5）工程设备管理。主要包括小区共用机电设备维护、维修等管理。

（6）环境管理。主要包括绿化管理及清洁管理等。

2. 小区电子公告系统

在小区内安置电子公告系统，向居民提供各种公告及公用信息，如发布物业管理公告通知、提供公众服务信息（如天气预报）、宣传企业品牌形象、烘托欢快气氛等等。系统配置见表 7-6。

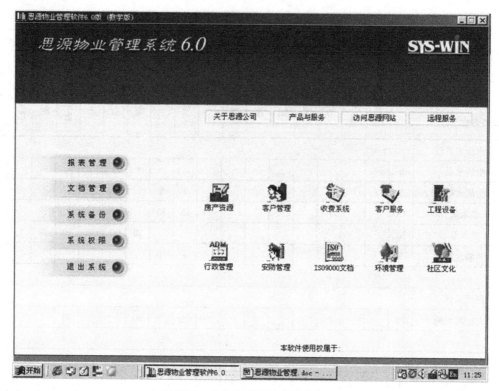

图 7-16　住宅小区管理内容主界面

小区电子公告系统配置　　　　　　　　　　　　　　　表 7-6

序　号	名　称	数　量	备　注
1	φ5mm 单色超亮 LED 橱窗屏	1 个	
2	计算机	1 台	单价计入物业管理系统
3	控制与系统软件	1 套	

3. 小区 IC 卡"一卡通"系统

该小区"一卡通"系统需配置的工作站为：小区发卡充值中心 1 个；车库管理系统读卡点 4 个；物业管理收费点 1 个；小区内部消费点 2 个。

小区业主所用"一卡通"主要功能有：

（1）门禁管理。实现电子门锁控制出入时间记录。

（2）消费管理。对住户、会员消费实现统计、查询。

（3）停车场管理。对进出小区停车场的所有车辆实现集中控制和管理。

4. 三表远程自动抄表系统

本工程采用某公司研制的"380 伏电力线载波自动抄表系统"。该系统主要由耗能表具、采集终端、系统集中器、系统总控管理站及管理软件组成。

（1）耗能表

用于居民住宅耗能计量的仪表。包括水表、电表和燃气表。

（2）采集终端

是有采集数据的智能检测装置。它用于接受耗能表读数，并能为主机读写。一般安装在各用户耗能表附近。

（3）集中器

用于连接多个采集终端的集中管理，并向总控管理站传送数据。

（4）总控管理站

它将各户独立工作的集中器采集到的耗能信息集中准确地记录并保存。该机具有查询、修改、编辑、通信等功能；它带有一专用接口与用户部件或专用微机连接。通过操作主机键盘，可实现与集中器或微机通信。

（5）管理软件

用于对数据的储存、处理、分析的微机应用软件，它具有数据录入、数据查询、数据修改、数据通讯、数据打印和系统维护功能。在微机上运行该软件最终产生各用户耗能费用账单，即可及时通过工资单或银行划收耗能费。

实例3　某中学智能化系统工程施工图设计（参见本书电子素材）

实例4　某高校电教信息楼智能化系统工程施工图设计（参见本书电子素材）

实例5　某工程智能化系统施工组织设计（摘要）（参见本书电子素材）

附　　录

附表 1　典型建筑智能化系统配置选项表
（选自《智能建筑设计标准》GB/T 50314—2006）

一般办公建筑智能化系统配置选项表　　　　　　　　　　　　　　附表 1-1

智能化系统		商务办公	行政办公	金融办公
智能化集成系统		○	○	○
信息设施系统	通信接入系统	●	●	●
	电话交换系统	●	●	●
	信息网络系统	●	●	●
	综合布线系统	●	●	●
	室内移动通信覆盖系统	●	●	●
	卫星通信系统	○	○	●
	有线电视及卫星电视接收系统	●	●	●
	广播系统	●	●	●
	会议系统	●	●	●
	信息导引及发布系统	○	○	○
信息设施系统	时钟系统	○	○	○
	其他相关的信息通信系统	○	○	○
信息化应用系统	办公工作业务系统	●	●	●
	物业运营管理系统	●	●	●
	公共服务管理系统	●	○	○
	公共信息服务系统	●	●	●
	智能卡应用系统	○	●	●
	信息网绍安全管理系统	○	●	●
	其他业务功能所需求的应用系统	○	○	○
建筑设备管理系统		●	●	●
公共安全系统	火灾自动报警系统	●	●	●
	安全技术防范系统 安全防范综合管理系统	○	○	○
	入侵报警系统	●	●	●
	视频安防监控系统	●	●	●
	出入口控制系统	●	●	●
	电子巡查管理系统	●	●	●
	汽车库（场）管理系统	●	●	●
	其他特殊要求技术防范系统	○	○	○
	应急指挥系统	○	○	○

续表

智能化系统		商务办公	行政办公	金融办公
机房工程	信息中心设备机房	○	●	●
	数字程控电话交换机系统设备机房	○	○	○
	通信系统总配线设备机房	●	●	●
	智能化系统设备总控室	●	●	●
	消防监控中心机房	●	●	●
	安防监控中心机房	●	●	●
	通信接入设备机房	●	●	●
	有线电视前端设备机房	●	●	●
	弱电间（电信间）	●	●	●
	应急指挥中心机房	○	○	○
	其他智能化系统设备机房	○	○	○

学校建筑智能化系统配置选项表　　　　附表 1-2

智能化系统		普通全日制高等院校	高级中学和高级职业中学	初级中学和小学	托儿所和幼儿园
智能化集成系统		○	○	○	○
信息设施系统	通信接入系统	●	●	●	●
	电话交换系统	●	●	●	●
	信息网络系统	●	●	●	○
	综合布线系统	●	●	●	●
	室内移动通信覆盖系统	●	○	○	○
	有线电视及卫星电视接收系统	●	●	●	●
	广播系统	●	●	●	●
	会议系统	●	●	●	●
	信息导引及发布系统	●	●	●	●
	时钟系统	●	●	●	●
	其他相关的信息通信系统	○	○	○	○
信息化应用系统	教学视、音频及多媒体教学系统	●	●	○	○
	电子教学设备系统	●	●	●	●
	多媒体制作与播放中心系统	●	●	○	○
	教学、科研、办公和学习业务应用管理系统	●	○	○	○
	数字化教学系统	●	○	○	○
	数字化图书馆系统	●	○	○	○
	信息窗口系统	●	○	○	○
	资源规划管理系统	●	○	○	○
	物业运营管理系统	●	●	●	○

续表

智能化系统		普通全日制高等院校	高级中学和高级职业中学	初级中学和小学	托儿所和幼儿园
信息化应用系统	校园智能卡应用系统	●	●	●	○
	信息网络安全管理系统	●	●	●	○
	指纹仪或智能卡读卡机电脑图像识别系统	○	○	○	○
	其他业务功能所需的应用系统	○	○	○	○
建筑设备管理系统		●	○	○	○
公共安全系统	火灾自动报警系统	●	●	○	○
	安全技术防范系统 安全防范综合管理系统	●	●	●	●
	安全技术防范系统 周界防护入侵报警系统	●	●	●	●
	安全技术防范系统 入侵报警系统	●	●	●	●
	安全技术防范系统 视频安防监控系统	●	●	●	●
	安全技术防范系统 出入口控制系统	●	●	●	○
	安全技术防范系统 电子巡查系统	●	●	○	○
	安全技术防范系统 停车库管理系统	○	○	○	○
机房工程	信息中心设备机房	●	●	●	●
	数字程控电话交换机系统设备机房	●	●	●	●
	通信系统总配线设备机房	●	●	●	●
	智能化系统设备总控室	○	○	○	○
	消防监控中心机房	●	●	○	○
	安防监控中心机房	●	●	○	○
	通信接入设备机房	○	○	○	○
	有线电视前端设备机房	●	●	●	●
	弱电间（电信间）	●	●	●	●
	其他智能化系统设备机房	○			

注：●需配置；○宜配置。

住宅建筑智能化系统配置选项表　　　　　　　　附表1-3

智能化系统			住宅	别墅
智能化集成系统			○	○
信息设施系统	通信接入系统		●	●
	电话交换系统		○	○
	信息网络系统		○	●
	综合布线系统		○	○
	室内移动通信覆盖系统		○	○
	卫星通信系统		○	○
	有线电视及卫星电视接收系统		●	●
	广播系统		○	○
	信息导引及发布系统		●	●
	其他相关的信息通信系统		○	○
信息化应用系统	物业运营管理系统		●	●
	信息服务系统		●	●
	智能卡应用系统		○	○
	信息网络安全管理系统		○	○
	其他业务功能所需的应用系统		○	○
建筑设备管理系统			○	○
公共安全系统	火灾自动报警系统		○	○
	安全技术防范系统	安全防范综合管理系统	○	○
		入侵报警系统	●	●
		视频安防监控系统	●	●
		出入口控制系统	●	●
		电子巡查管理系统	●	●
		汽车库（场）管理系统	○	○
		其他特殊要求技术防范系统	○	○
机房工程	信息中心设备机房		○	○
	数字程控电话交换机系统设备机房		○	○
	通信系统总配线设备机房		●	●
	智能化系统设备总控室		○	○
	消防监控中心机房		●	●
	安防监控中心机房		●	●,
	通信接入设备机房		●	●
	有线电视前端设备机房		●	●
	弱电间（电信间）		○	○
	其他智能化系统设备机房		○	○

注：●需配置；○宜配置。

附表2 建筑设备监控功能分级表

设备名称	监控功能	甲级	乙级	丙级
压缩式制冷系统	1. 启停控制和运行状态显示	○	○	○
	2. 冷冻水进出口温度、压力测量	○	○	○
	3. 冷却水进出口温度、压力测量	○	○	○
	4. 过载报警	○	○	○
	5. 水流量测量及冷量记录	○	○	○
	6. 运行时间和启动次数记录	○	○	○
	7. 制冷系统启停控制程序的设定	○	○	○
	8. 冷冻水旁通阀压差控制	○	○	○
	9. 冷冻水温度再设定	○	×	×
	10. 台数控制	○	×	×
	11. 制冷系统的控制系统应留有通信接口	○	○	×
吸收式制冷系统	1. 启停控制和运行状态显示	○	○	○
	2. 运行模式、设定值的显示	○	○	○
	3. 蒸发器、冷凝器进出口水温的测量	○	○	○
	4. 制冷剂、溶液蒸发器和冷凝器温度、压力的测量	○	○	×
	5. 溶液温度压力、溶液浓度值及结晶温度的测量	○	○	×
	6. 启动次数、运行时间的显示	○	○	○
	7. 水流、水温、结果保护	○	○	×
	8. 故障报警	○	○	○
	9. 台数控制	○	×	×
	10. 制冷系统的控制系统应留有通信接口	○	○	×
蓄冰制冷系统	1. 运行模式（主机供冷、溶冰供冷与优化控制）参数设备及运行模式的自动转换	○	○	×
	2. 蓄冰设备的溶冰速度控制，主机供冷量调节，主机与蓄冰设备供冷能力的协调控制	○	○	×
	3. 蓄冰设备蓄冰量显示，各设备启停控制与顺序启停控制	○	○	×
热力系统	1. 蒸汽、热水出口压力、温度、流量显示	○	○	○
	2. 锅炉气泡水位显示及报警	○	○	○
	3. 运行状态显示	○	○	○
	4. 顺序启停控制	○	○	○
	5. 油压、气压显示	○	○	○

续表

设备名称	监控功能	甲级	乙级	丙级
热力系统	6. 安全保护信号显示	○	○	○
	7. 设备故障信号显示	○	○	○
	8. 燃料耗量统计记录	○	×	×
	9. 锅炉（运行）台数控制	○	×	×
	10. 锅炉房可燃物、有害物质浓度监测报警	○	×	×
	11. 烟气含氧量监测及燃烧系统自动调节	○	×	×
	12. 热交换器能按设定出水温度自动控制进汽或水量	○	○	○
	13. 热交换器进汽或水阀与热水循环泵连锁控制	○	×	×
	14. 热力系统的控制系统应留有通信接口	○	○	×
冷却水系统	1. 水流状态显示	○	×	×
	2. 水泵过载报警	○	○	×
	3. 水泵启停控制及运行状态显示	○	○	○
冷却系统	1. 水流状态显示	○	×	×
	2. 冷却水泵过载报警	○	○	×
	3. 冷却水泵启停控制及运行状态显示	○	○	○
	4. 冷却塔风机运行状态显示	○	○	○
	5. 进出口水温测量及控制	○	○	○
	6. 水温再设定	○	×	×
	7. 冷却塔风机启停控制	○	○	○
	8. 冷却塔风机过载报警	○	○	×
空气处理系统	1. 风机状态显示	○	○	○
	2. 送回风温度测量	○	○	○
	3. 室内温、湿度测量	○	○	○
	4. 过滤器状态显示及报警	○	○	○
	5. 风道风压测量	○	○	×
	6. 启停控制	○	○	○
	7. 过载报警	○	○	×
	8. 冷、热水流量调节	○	○	○
	9. 加湿控制	○	○	○
	10. 风门控制	○	○	○
	11. 风机转速控制	○	○	×
	12. 风机、风门、调节阀之间的连锁控制	○	○	○
	13. 室内 CO_2 浓度监测	○	×	×
	14. 寒冷地区换热器防冻控制	○	○	○
	15. 送回风机与消防系统的联动控制	○	○	○

设备名称	监控功能	甲级	乙级	丙级
变风量（VAV）系统	1. 系统总风量调节	○	○	×
	2. 最小风量控制	○	○	×
	3. 最小新风量控制	○	○	×
	4. 再加热控制	○	○	×
	5. 变风量（VAV）系统的控制装置应有通信接口	○	○	×
排风系统	1. 风机状态显示	○	○	×
	2. 启停控制	○	○	×
	3. 过载报警	○	○	×
风机盘管	1. 室内温度测量	○	×	×
	2. 冷、热水阀开关控制	○	×	×
	3. 风机变速与启停控制	○	×	×
整体式空调机	1. 室内温、湿度测量	○	×	×
	2. 启停控制	○	×	×
给水系统	1. 水泵运行状态显示	○	○	○
	2. 水流状态显示	○	×	×
	3. 水泵启停控制	○	○	○
	4. 水泵过载报警	○	○	×
	5. 水箱高、低液位显示及报警	○	○	○
排水及污水处理系统	1. 水泵运行状态显示	○	×	×
	2. 水泵启停控制	○	×	×
	3. 污水处理池高、低液位显示及报警	○	×	×
	4. 水泵过载报警	○	×	×
	5. 污水处理系统留有通信接口	○	×	×
供配电设备监视系统	1. 变配电设备各高、低压主开关运行状态监视及故障报警	○	○	○
	2. 电源及主供电回路电流值显示	○	○	○
	3. 电源电压值显示	○	○	○
	4. 功率因数测量	○	○	○
	5. 电能计量	○	○	○
	6. 变压器超温报警	○	○	×
	7. 应急电源供电电流、电压及频率监视	○	○	○
	8. 电力系统计算机辅助监控系统应留有通信接口	○	○	×
照明系统	1. 庭园灯控制	○	×	×
	2. 泛光照明控制	○	×	×
	3. 门厅、楼梯及走道照明控制	○	×	×
	4. 停车场照明控制	○	×	×
	5. 航空障碍灯状态显示、故障报警	○	×	×
	6. 重要场所可设智能照明控制系统	○	×	×

注：○表示有此功能；×表示无此功能。

参 考 文 献

1. 沈瑞珠，杨连武．楼宇智能化技术．北京：中国建筑工业出版社，2004.

2. 中华人民共和国建设部　主编．智能建筑设计标准 GB/T 50314—2006.

3. 余志强，胡汉章，刘光平．智能建筑环境设备自动化．北京：清华大学出版社，北京交通大学出版社，2007.

4. 姚卫丰．楼宇设备监控及组态．北京：机械工业出版社，2008.

5. 王建玉．建筑物设备自动化原理与应用．河北科学技术出版社，2004.

6. 李有安，刘晓敏．建筑电气实训指导．北京：科学出版社，2003.

7. 郑李明，徐鹤生．安全防范系统工程．北京：高等教育出版社，2004.

8. 杨连武，沈瑞珠．火灾报警及消防联动系统施工．北京：电子工业出版社，2010.

9. 王公儒．综合布线工程实用技术．北京：中国铁道出版社，2011.